中华新唐装

丁锡强 主编

上海科学技术出版社

图书在版编目（CIP）数据

中华新唐装 / 丁锡强主编. -- 上海 ：上海科学技
术出版社，2023.9
ISBN 978-7-5478-6224-7

Ⅰ．①中… Ⅱ．①丁… Ⅲ．①服装－介绍－中国
Ⅳ．①TS941.742

中国国家版本馆CIP数据核字(2023)第115471号

中华新唐装

丁锡强　主编

上海世纪出版（集团）有限公司
上 海 科 学 技 术 出 版 社　出版、发行
（上海市闵行区号景路 159 弄 A 座 9F-10F）
邮政编码 201101　　www. sstp. cn
苏州工业园区美柯乐制版印务有限责任公司印刷
开本 889×1194　1/16　印张 20.5
字数 550 千字
2023 年 9 月第 1 版　2023 年 9 月第 1 次印刷
ISBN 978-7-5478-6224-7/TS·257
印数：1-1 720
定价：198.00 元

中華新唐裝

上海书法家协会顾问、国家一级美术师张森题词：中华新唐装

本书为纪念"新唐装"公开发布二十周年,"新唐装"被载入中国共产党成立一百周年"100 天讲述中国共产党对外交往 100 个故事"之六十而作。

内容提要

　　本书是一本全面介绍"新唐装"的普及性读本。本书以相关图片呈现并结合文字描述，介绍了新唐装设计制作的全过程，包括服装如何取名、发展演变历程、款式与特征概述、面料开发研制、规格尺寸制定、结构制版裁剪和缝纫制作工艺等；同时还介绍了有关中国服装的发展演变和传统服装特色工艺［滚边、镶边、嵌线（条）、荡条、盘扣、刺绣和装饰］，以及与新唐装相关的理论研究和其他知识等。

　　书中有关新唐装的多幅照片和技术数据，来源于 2001 年上海 APEC 会议领导人服装设计制作过程中的实物拍摄和实际制作。书中除了部分绘图引用了前辈们的资料外，其余绘图均属本书设计绘制作品。

　　本书具有一定的史料和学术价值，可供中国传统服装爱好者阅读，也可供有关服装院校、企业进行教学和生产时参考。

《中华新唐装》编委会

主　编　　丁锡强

编　委　　李克让　谢　琴　施凤娟　贺争先
　　　　　　闻　红　徐明耀　朱健网　杜庆芳
　　　　　　上海服装（集团）有限公司

主要人物插图绘制　　郑泽芸

前言

2021 年是中国共产党成立一百周年大庆日子，在新唐装公开发布二十周年的纪念日里，新唐装连续迎来了两个振奋人心的好消息：①新唐装被载入"100 天讲述中国共产党对外交往 100 个故事"；②新唐装被选入《百年上海工业故事》。

"'新唐装'亮相黄浦江畔，APEC 感受中国智慧。"100 天讲述中国共产党对外交往 100 个故事之六十，对新唐装给予了高度赞扬与评价，其中的政治、历史和现实意义重大。为此，我们将 2002 年出版的《新唐装》一书重新修改补充，把中国共产党对外交往有关新唐装的故事载入其中，特此编写出版《中华新唐装》。

2001 年 10 月 21 日，当参加 2001 年第九届 APEC 会议的二十位中外领导人身穿五彩缤纷的新唐装步入上海科技馆，向全世界展示具有中国特色的传统代表服装，受到了社会媒体的一致好评。之后，中华大地掀起了唐装热，连续流行好几年，尤其是在春节，穿唐装成为时尚潮流。

在圆满完成 2001 年上海 APEC 会议二十位领导人新唐装项目设计制作第一阶段任务后，原创单位上海服装（集团）有限公司新唐装项目组没有解散，而是根据上海市领导指示和要求，实施第二阶段任务，对新唐装的设计制作进行理论总结。2002 年，《新唐装》一书由新唐装项目组主要成员联袂撰写，上海科学技术出版社出版发行。该书对为什么取名"唐装"和"新唐装"做出了明确的论述，正式从学术上阐述了"唐装"和"新唐装"的概念。

在以后漫长的日子里，我们团队以坚持不懈的努力，克服了各种困难，不断进行理论研究与新唐装产品开发。经过十多年奋斗，我们完成了中国服装发展演变、新唐装取名、款式造型设计、不量体时的规格尺寸设计、新唐装衣料开发、新唐装结构制版、团花图案裁剪方案设计、制作工艺设计、为领导人试衣方案设计、新唐装外包装设计、穿着使用方法和探究历史上真正的唐代"唐装"等一系列理论研究总结。每一项研究都在相关论文和著作中有进一步的描述，这些都是新唐装之所以能取得成功的重要学术依据和坚实保证。

新唐装项目被上海市政府外事办授予"特殊贡献奖"，先后荣获中国纺织工业协会科技进步二等奖和三等奖各一项、上海市技术发明三等奖一项；出版发行《新唐装》《中华男装》等专著，以及在国家核心期刊《纺织学报》《服装设计师》上发表多篇相关论文，并取得了国家《唐装制作方法》发明专利和《唐装结构制版》实用新型专利等成果。

本书在编写和出版发行过程中，得到了东方国际（集团）有限公司和上海服装（集团）有限公司的大力支持，在这里表示衷心的感谢。

上海市书法家协会顾问、国家一级美术师张森先生为本书题写书名：中华新唐装。中国书法家协会会员、副编审吴伦仲先生为本书篆刻：新唐装亮相黄浦江畔，APEC 感受中国智慧。对此表示衷心的感谢。

上海闻红服饰有限公司总经理叶炳华先生，为完成新唐装款式系列设计制作做出了贡献。东华大学服装学院教授缪元吉先生，多次为完善新唐装理论出谋划策。服装界同仁王满华、肖文浩、徐雅琴、徐正富、周卫忠、韩义兵、顾平、薛磊、王倩杰和于佳荟等，对本书的编写都给予了不同的帮助。在此，谨向所有帮助、关心和支持《中华新唐装》一书编写的各位同仁、各位老师和同学一并表示衷心的感谢。

由于编写水平有限，书中难免会存在不足之处，恳切希望各位同行和朋友们提出宝贵意见。

新唐装载入中国共产党外交历史故事之中，显示了新唐装（唐装）在服装发展史上的重要地位。我们希望将新唐装（唐装）打造成中国对外交往的代表服装和现代中华民族传统代表服装之一。

丁锡强

2023 年 6 月于上海

目录

中华新唐装

第一章 中国服装发展演变简介

中国服装历史源远流长，从史前原始社会、夏商西周、春秋战国、秦汉、魏晋南北朝、隋唐五代、宋辽金元明清、民国，一直到中华人民共和国成立后。中国服装以其别具一格的独特体系和成就，描绘出一幅幅"衣冠王国"和"衣被天下"的华彩篇章。中国服装在世界服装之林中占有举足轻重的重要地位，为人类文明做出了极其重要的贡献。

　　中国服装历史涉及历史年代久远，时间跨度较大，体系庞大、内容繁多，实因篇幅有限无法一一详述。本章对其进行了必要的归纳，重点介绍了史前与先秦时期（为表述方便，本章将公元前221年之前统称为史前与先秦时期）、唐代、清代，以及民国时期和中华人民共和国成立之后的主要服装。其他历史朝代的主要服装则通过表格形式展示，以示解析中国服装演绎的整个延续脉络。

第一节
史前与先秦服装

早在170万年前（目前我国境内已知最早的人类元谋人生存的年代），我们的祖先就在广阔且富庶的中华大地上繁衍、生息。经历了漫长的原始社会发展，人类的祖先告别了蛮荒时代，完成了从树叶兽皮向布帛衣裳的启蒙。经一些出土文物分析和有关文献资料佐证，认为史前与先秦服装可分两个阶段：原始服装雏形的形成阶段和先秦主要服装的产生阶段。

一、原始服装雏形

追溯漫长的人类社会发展史，人类的祖先是从什么时候开始穿衣着装？最早的服装究竟为何款何样？文字的产生大大滞后于社会发展的进程，因而这些内容没有被记载下来而无法确知。在人类记忆中的残存传说及神话故事里，还能捕捉到点滴人类早期文明的烙印和气息，但其中不少已在传承过程中发生了变形、夸张和臆会。虽然时光不可逆转，但是好在它们毕竟存在过。人类的祖先在地球上留下许多关于服装与服饰的痕迹，等待我们去探讨和研究，还有许多未知的奥秘将等待后人去揭示。

原始服装雏形的出现大约在原始社会的中、后时期。人类的祖先为了护身御寒，利用蔓草树叶和动物兽皮围裹身体，自然界中生长的蔓草、树叶和狩猎获取的动物兽皮成了原始服装雏形的主要材料。在旧石器时代晚期北京周口店山顶洞人生活过的遗址里，曾多次发掘出各种用兽骨制成的骨针和其他石器，其中有一枚长8.2cm、直径0.31cm左右的骨针，上面有一清晰窄小的破损针孔。据此推断：在几万年前，中华民族的祖先已经会使用骨针缝制兽皮的衣服，用兽牙、骨管、石珠等做成串饰进行装扮。最原始服装缝制工具骨针的出现，标志着我们的祖先此时有了制作最原始服装的能力，并产生了原始服装的雏形，从此正式掀开了中国服装史的序幕。

1. 蔓草树叶

在原始社会早、中期，人类的祖先长期穴居于丛山密林，过着茹毛饮血的原始生活，赤身裸体没有遮掩。之后，随着人类学会了火的使用，吃烧烤后的食物促使了人类的进化，体毛的退化使得御寒遮羞的意识逐渐产生。于是，自然界中随处可见的蔓草树叶便成了人类最早的"遮身"材料。战国时期诗人屈原在《九歌》之一的《山鬼》诗中有"若有人兮山之阿，被薜荔兮带女萝"和"披石兰兮带杜蘅"的描述，唐朝诗人孟郊在《送豆卢策归别墅》诗中有"身被薜荔衣，山陟莓苔梯"的句子，非常形象化地描述了人类祖先以蔓草、树叶裹身遮体的情景（图1.1和图1.2）。

目前，世界上少数几个非洲国家仍处于较原始社会生活方式的土著部落，他们还保留着披蔓草裹树叶的习惯，如头缠树叶、上身赤裸、下体裹蔓草或树叶等。

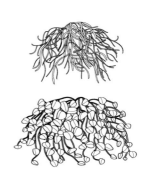

图 1.1　蔓草、树叶遮体的山鬼女神　　　图 1.2　蔓草树叶（女萝薜荔）示意图
（据楚屈原《九歌·山鬼》设计绘制）

2. 兽皮"衣裳"

　　原始社会进入旧石器时代晚期之后，狩猎经济的出现，人类又逐渐学会了获取动物兽皮，用以裹身御寒遮羞。《礼记·王制》记载："东方曰夷，被发文身……南方曰蛮，雕题交趾……西方曰戎，被发衣皮……北方曰狄，衣羽毛穴居……"虽然这是当时居住在中原地区的汉族人以自己民族人物形象的口吻去描述边远民族人物形象，却间接勾勒出人类早期服装的情景。据此推断早期人类用以蔽体遮身之物，基本是以动物兽皮为主。

　　最初能称得上属于原始服装范畴的雏形可能就只是一块围系于下腹部的兽皮，先知蔽前（古人有"蔽膝"一说，即以兽皮遮羞），不久又知遮后。之后干脆将前、后两块蔽前遮后的兽皮缝合起来，就形成了最早的下体之"裳"。"裳"出现之后，人类祖先又开始尝试制作上体之"衣"，将大块动物兽皮割下，以动物韧筋或植物葛藤为线，利用骨锥、骨针等工具穿缀缝合，制成类似背心式上衣，就这样出现了原始服装"衣裳"的雏形（图 1.3 和图 1.4）。

图 1.3　缝制原始"衣裳"的先民　　　图 1.4　原始兽皮"衣裳"示意图
（据文献资料设计绘制）

二、先秦主要服装

先秦主要服装产生于公元前21世纪至公元前221年时期，此时期产生了人类历史上真正意义上的可穿着使用的服装。先秦时期是中国服装史的奠基阶段，中国服装体系的基本要素和形制均在此时期开始趋于进步。《易·系辞》中记载："黄帝尧舜垂衣裳而天下治，盖取之乾坤，乾坤有文，故上衣玄，下裳黄……"这说明在黄帝尧舜时期开始出现了衣裳。以后在奴隶社会早期，殷商时期男女服装的式样，不分地位尊卑，均为上下两截，上称衣，下谓裳，后世称"衣裳"即源出于此。随着社会生产力水平的进一步发展，奴隶社会发展到鼎盛时期的西周，逐步建立了等级制度，服装的穿着也开始有了区别与规定。《周礼》中"享先王则衮冕"，表明祭祀大礼时，帝王百官皆穿礼服。当时已有官任"司服"者，专门掌管服制实施，安排帝王百官穿着。自西周起，官服制度已经开始形成，以后趋于完善。

1. 冕服

《世本》云"黄帝造冕垂旒"或曰"胡曹作冕"。东汉著名学者宋衷注释："胡曹是黄帝臣。"史学家们记载中也有黄帝造冕服之说法，东汉应劭在《汉官仪》中有云："周冕与古冕略等，周加垂旒。"这里所说的"周冕"是指西周冕服，"古冕"即指黄帝所穿冕服（图1.5和图1.6）。

图1.5 穿冕服的黄帝　　　　　图1.6 冕服示意图
（据山东嘉祥武梁祠黄帝画像石）

冕服是先秦时期乃至整个中国古代历史中等级最高的服装，专供天子、诸侯和卿大夫等各级官员参加各种祭祀典礼时穿用。冕服由冕冠、玄衣及熏裳组成（图1.7），玄衣即上衣，是一种形体宽松袖子肥大的服装，熏裳为下裳，是一种宽大的长裙。冕服自创立以来，有着明确的等级之分，虽然历代冕服形式有所不同，但其基本式样一直为历代各朝数百位帝王所沿袭，整个过程长达2000余年，直至民国才被废止。

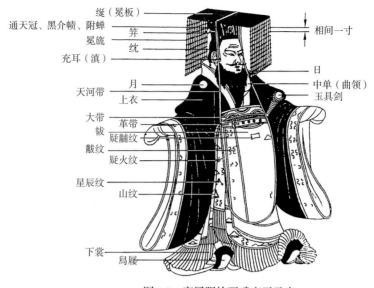

图1.7 穿冕服的晋武帝司马炎

（据〔唐〕阎立本《历代帝王图》）

2. 深衣

深衣是一种衣与裳连接在一起的服装。深衣款式的基本特征是：上衣下裳连属，上衣为右衽，不开衩，衣襟加长、裁剪成三角形绕至背后并在腰间以绳带扎紧；下裳宽阔，长至足踝或长曳及地（图1.8和图1.9）。深衣在先秦相当长一段时期里颇为盛行，不分男女老少、文武官员和普通百姓都喜穿着，既可用作礼服，又可当作常服。深衣作为先秦时期最主要的代表服装，对中国服装的发展演变有着极其重要的影响作用，之后出现的各种袍衫，以至清代女子穿的旗袍，甚至现代女子穿的连衣裙，无一不有着深衣的烙印，都是在深衣的基础上发展和创新而成的（图1.10和图1.11）。

图1.8 穿曲裾深衣的战国男子

（据《中国古代服饰研究》）

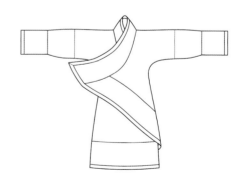

图1.9 男子曲裾深衣示意图

图 1.10　穿曲裾深衣的战国女子　　　　　　图 1.11　女子曲裾深衣示意图

（据湖南长沙仰天湖楚墓出土木俑）

3. 胡服

　　春秋战国时期中原地区的汉族人习惯将外域异族人称为胡人，胡人穿着的服装则被称为胡服（图 1.12 和图 1.13）。胡人的常见装束是：穿窄袖短衣配以合裆长裤、裹腿革靴。胡服与同时期汉族人穿着的深衣相比，具有穿着方便和行动自如的优势。战国时期赵国国君赵武灵王是一位军事家和社会改革家，他看到赵国军队的武器虽然比胡人精良，但多次与胡人交手却屡遭挫败。经过调查研究，他明白了自己军队的官兵都是身穿深衣，外披笨重的铠甲驾驶战车，不如胡人穿着窄袖短衣、合裆长裤骑马方便自如。于是，赵武灵王决定学穿胡服，放弃穿深衣改穿短衣裤子学骑射，这样的改革收到了明显的效果，历史上著名的"胡服骑射"即源出于此。当时中原汉族人能接受外域民族的胡服，这不仅体现了古代君王的智慧，也是社会发展进步的表现，被誉为中国古代服装史上的一次重大变革。

图 1.12　穿胡服的战国男子　　　　　图 1.13　矩领窄袖胡服示意图

（据山西侯马市东周墓出土陶范）

第二节
唐代服装

唐代是中国封建社会中政治、经济高度发展，文化、艺术繁荣昌盛的时代，也是中国服装发展过程中的一个里程碑。在初唐、中唐及晚唐 300 余年的时间里，无论是男装还是女装，尤其是女装，其款式标新立异、造型独树一帜、面料五彩缤纷、妆饰雍容华贵，至今仍让人们惊叹不已。

一、男子主要服装

唐代男子主要的代表服装是圆领袍衫，圆领袍衫有圆领窄袖袍衫和圆领宽袖袍衫，圆领窄袖袍衫主要流行于初唐、中唐时期，圆领宽袖袍衫流行于晚唐及五代时期。在初唐、中唐时期，另外一种被称为"胡服"，流行于北方游牧民族和部分唐朝官吏和百姓之中。

1. 圆领袍衫

唐代男子常服是圆领袍衫，亦称团领袍衫，它是隋唐至五代时期帝王将相、官吏士庶及平民百姓普遍穿着的常服。圆领袍衫基本款式为圆领、右衽，领、袖及衣襟处可有拼接边缘，袖有宽窄之分，初唐、中唐时期流行窄袖（图 1.14 和图 1.15）。文官穿的袍衫衣长至足踝，武官穿的袍衫衣长略短至膝下。袍衫的用途十分广泛，礼仪、宴会、居家、外出均可穿之。由于圆领袍衫款式比较简单，因此服装中的等级制度难以明显分辨出来。唐贞观四年（630 年）唐太宗李世民颁布了各品级官员服色及佩饰的规定，以后服色便成了区分唐朝官员等级的标准。据《唐音癸签》记："唐百官服色，视阶官之品。"而后，"天子常服黄袍，遂禁士庶不得服，而服黄有禁自此始"。从此"黄袍加身"成为帝王登基的象征，其形式延续一千余年之久，一直至清朝灭亡。

图 1.14　穿五团龙龙袍的唐太宗李世民
（据台北故宫博物院《唐太宗像》）

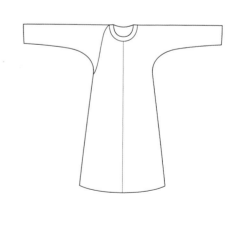

图 1.15　圆领窄袖袍衫示意图

唐代在武则天时期，除了色彩上对圆领袍衫有所规定外，还专门颁赐文武官员能在袍衫上绣对狮、麒麟、对虎、豹、鹰、雁等神化动物或飞禽异兽纹饰，并将这种袍衫称呼为"绣袍"。平民百姓穿的袍衫则一般不能有花纹图案，色彩也以单色或素色居多。在晚唐和五代时期，圆领袍衫衣身开始逐渐宽大，窄袖变为宽袖，下摆施一横襕，以示上衣、下裳和旧制之别（图1.16和图1.17）。以后圆领宽袖袍衫被称作襕衫，成为晚唐、五代及后世宋代男子的代表服装。

图1.16 穿圆领宽袖袍衫的唐代官员   图1.17 圆领宽袖袍衫示意图
（据〔五代〕曹义金像）

2. 胡服

唐代是中国封建社会发展史上的巅峰时期，当时的首都长安不仅是中国的政治、经济、文化中心，也是世界著名的都会和东西文化交流中心。初唐至盛唐时期，北方匈奴、契丹、回鹘等游牧民族（被称为"胡人"）与中原汉族交往日益频繁，此外还有扶桑（日本）、高丽（朝鲜）、波斯（伊朗）、天竺（印度）等外邦使节时常觐见。这些外域民族和外国使者带来的文化，对唐代影响很大，反映在服装上便是"胡服"。

此时期"胡服"与唐代流行的叠襟圆领式"袍""衫"有所区别，款式为对襟翻领式袍服。这种袍服最初为西域胡人所穿，继而通过西域胡人前来经商、定居及入仕逐渐传播到中原地区。"胡服"的出现改变了以往唐朝男子服装款式单一的局面，首先得到唐朝下层官吏、马夫们的喜爱，他们成为最早一批潮流者，后又受到部分普通百姓的模仿。戴幞头、穿胡服、足蹬乌皮靴，成为初、中唐时期最时尚的男子装束打扮（图1.18和图1.19）。

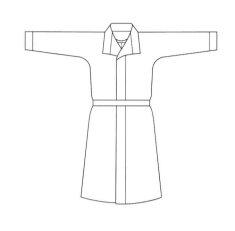

图 1.18　穿胡服的汉族男子　　　　　　图 1.19　胡服示意图
（据文献资料设计绘制）

二、女子主要服装

唐代以前，中国女子服装形式束缚裹身，衣身将人体包裹严实不裸露。到了唐代初期，女子服装一改前人禁锢，开创了一个前所未有的开放浪漫的风格，这主要得益于当时的政治、经济及社会风尚等时代特点。

唐代女子主要的代表服装是襦裙服、半臂与披帛及胡服。

1. 襦裙服

襦裙服是衣长仅到腰节的超短上衣与长裙连接的一种服装，又可称之"短襦长裙"。唐代女子最时髦的打扮是：身穿襦裙服（襦裙服分襦和裙两部分，襦即上衣，裙即长裙），佩披帛（帛是一种狭而长披于双臂的飘带），加半臂（半臂因其袖子长度在肘以上，故称为半臂），足蹬凤头丝履或精编草履，头戴花髻（图 1.20 和图 1.21）。

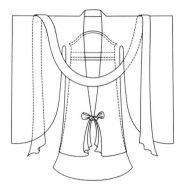

图 1.20　穿襦裙服、披帛的唐代贵妇　　　图 1.21　大袖襦服裙、披帛示意图
（据〔唐〕周昉《簪花仕女图》）

襦裙服的领口变化多样，领口除了圆领、方领、斜领、直领和鸡心领之外，还出现了袒领，低胸袒领成了唐代女子新潮前卫的重要标志（图1.22和图1.23）。襦裙服初多为宫廷嫔妃、歌舞伎者穿着，后一经传播，仕宦贵妇、民间女子也纷纷效仿垂青。方干《赠美人》诗"粉胸半掩疑晴雪"、欧阳炯《南乡子》诗"二八花钿，胸前如雪脸如莲"等描绘的就是此种装束。

襦裙服的下裳即裙的款式造型、面料选择和制作也十分讲究，唐代流行的短襦长裙把腰节提得极高，高度接近至胸，并在腋下以绸带系扎。裙长遮履或曳地，类似现代西方女子结婚礼服。襦裙服色彩多为红、浅红、淡赭、浅绿等色，面料多为丝绸织品，其中高档襦裙服还加以金银彩绣为饰。

图1.22　穿袒领大袖襦裙服的唐代女子　　图1.23　袒领大袖襦裙服示意图
（陕西乾县出土墓门石刻局部）

2. 半臂与披帛

半臂似今短袖衫，因其袖子长度在手肘之间，故称其为半臂。披帛，当从狭而长的帔子演变而来，一般多用质地轻软的薄罗纱制成，长度可达1.2米以上，用时将它披搭在肩上，并将其盘绕于两臂之间（图1.24和图1.25）。

3. 胡服

唐代崇尚胡服的一个显著特点，就是女子穿着胡服者甚多，这种现象与当时的政治、文化和生活有密切关系。武则天称帝后，一些女官纷纷男装打扮，仿效男子穿圆领袍衫。同时期，伴随着"胡舞"的流行，对女子服装的变化也带来了很大的影响。唐代诗人白居易在《胡旋女》中这样描述："天宝季年时欲变，臣妾人人学圜转。"因为对胡舞的崇尚，发展到对胡服的模仿，进而出现了"胡妆"的盛行。在中原诸城掀起了一股"胡服热"，尤以首都长安及洛阳等地为盛。唐代女子穿胡服最典型打扮为：头戴浑脱帽，身穿窄袖紧身翻领长袍，足蹬高靿革靴（图1.26和图1.27）。

图 1.24　穿半臂、襦裙服和披帛的唐代女子　　　　图 1.25　半臂、襦裙服、披帛示意图
（据陕西乾县永泰公主墓出土壁画）

图 1.26　穿胡服的唐代女子　　　　　　　图 1.27　胡服示意图
（据《中国古代服饰研究》）

　　唐代时期女子的穿着和打扮，不管是袒领露胸的襦裙服，还是显隐肌肤的半臂与披帛，还是喜好男装女用和穿胡服，都标志着中国服装发展进入了一个里程碑式的时代。唐代女子服装以其艳丽夺目的色彩、典雅华美的风格，变化无穷的款式和不拘一格的穿着方式等独特的创新，无疑使这段时期成为中国历代女子中最为浓艳、大胆、雍容、奢华的时代，描绘了中国服装发展史上最为精华的篇章。

中华新唐装

第三节
清代服装

清代是中国封建社会最后一个王朝，但却是中国服装史上变革最大的一个时代，也是中国传统服装发展的高峰阶段。清初满人入关时，即发布剃发易服令，强迫汉族男子依照满族习俗制度改变发式，结发垂辫，并以强制手段推行满服于全国。经过近两百多年的发展，清代的服装体系和代表服装逐渐形成，包括款式造型、制作工艺、原辅材料和穿着形制等，这使得清代被誉为中国历代服装中最为完整、精湛、庞杂和繁缛的时期。由于清代距今不远，保存下来的文献资料比较丰富，服装实物也有大量留存。

一、男子主要服装

清代男子服装种类较多，以袍、褂、袄、衫、裤为主，衣襟连接多以盘扣相系。

1. 袍

"袍"是清代最具代表性的服装，对于帝王官宦，袍是代表身份不可缺少的服装。清代男子"袍"的基本款式仍然延续了唐宋袍衫的特点，不同之处是在下摆处开衩，其中皇室贵族开四衩，官吏士庶开二衩，普通百姓以不开衩居多。

"袍"中的至尊是龙袍，它是一种象征皇权的服装（图1.28）。款式为圆领，大襟右衽，箭袖；颜色以明黄为主，也可用金黄或杏黄等色。龙袍上绣有五爪金龙和五彩祥云，在祥云之间还分布着"十二章"纹样（图1.29）。按照清代大律，只有皇帝和皇后才可以穿龙袍。有功人员若蒙皇帝赐予龙袍，必须在穿着之前将龙爪挑去一爪，即将五爪改为四爪，经过挑去一爪后的龙袍，被称为蟒袍。

图1.28　穿龙袍的清代皇帝

（据文献资料设计绘制）

图1.29　龙袍示意图

清代早、中期流行"袍"的款式，另外一个特点是袖口部位有突出外翘的"箭袖"，"箭袖"形似马蹄，又称"马蹄袖"。此袖形源于北方恶劣天气中避寒而用，待狩猎射箭之时可将袖口翻上，因此袍服又被称为"箭服"。到了清代后期，"箭袖"逐渐退出，取而代之的是平袖成为"袍"的主流袖型款式。

2. 褂

"褂"是清代特有的一种服装。"褂"的基本款式有两种：一种衣长至膝，俗称长褂。长褂中最典型的是补褂，为清代官服（图1.30和图1.31）。补褂前胸后背缝缀补子，补子图案分九品，文官为禽，武官为兽。另一种衣长仅至胯间，俗称短褂或行褂。因其穿着便于骑马，又被称为马褂（图1.32）。清早、中期长褂和马褂多为圆领，后为了装饰与保暖，便在褂内穿上"领衣"（俗称假领子）。内穿长袍，外套马褂，露出另色的"领衣"，成为清代男子官场中一种独特的穿着打扮（图1.33）。

图1.30 穿补褂的清代官员
（据〔清〕吴友如《满清将臣图》）

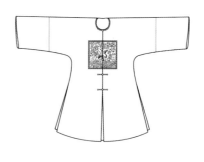
图1.31 补褂示意图

图1.32 骑马穿马褂的清代男子
（据〔清〕吴友如《满清将臣图》）

图1.33 长袍、马褂和"领衣"示意图

3. 马甲

马甲是一种无袖短衣，它的雏形来源于魏晋南北朝时期流行的"裲裆"式样，是清代中、后期男子日常穿着较多的一种服装。马甲俗称"背心"，北方人称其为"坎肩"，具有防寒保暖的作用。马甲在清初时期一般穿在外衣内，到了清中、晚时期演变成内衣外穿。马甲款式有多种多样，从衣襟上分，有斜襟（图1.34a）、曲襟（又称琵琶襟，图1.34b）及一字襟（图1.34c）等款式。马甲的长度通常都在腰臀之下，领型有圆领与立领。其中一字襟（一种多对纽襻）马甲为最经典的款式，满族人称其为"巴图鲁坎肩"（"巴图鲁"为满语"勇士"之意）。"巴图鲁坎肩"多用厚实的布帛缝制，中间夹层衲棉絮，也有缀以皮里，衣片分前胸、后背两片，衣襟横开在前片胸前，上面钉盘扣七对，左右两腋各钉盘扣三对，合计缝钉盘扣十三对，因此一字襟"巴图鲁坎肩"又被称为"十三太保"。这种马甲最初为武士骑马所着，穿着在袍衫之内，用作御寒之衣。如果觉得身热，则可以从外衣领襟处随手伸进里面，将盘扣解开，马甲即可脱下，不需要再解开和脱下外衣。后来这种马甲流行到民间，大受普通百姓欢迎，后从普通内衣演变发展成为日常外衣。

（a）斜襟马甲　　　　　　（b）曲襟马甲　　　　　　（c）一字襟马甲

图 1.34　马甲示意图

二、女子主要服装

清代女子服装主要分为两大类：一类是满族女子穿着的服装，统称旗服；另一类是汉族女子穿着的服装，统称汉女服。

1. 旗服

旗服原本泛指清代满族女子所穿着的服装，包括袍和衫等，后来发展演变成特指袍，俗称旗袍（图1.35）。在清代初期，满族女子旗服款式长且宽大，衣长曳地遮住双足；领口款式基本上是以无领（圆领）为主（图1.36a）。女子旗服和男子袍服在袖子处也有所不同，男子是马蹄袖，女子除了少数皇亲女眷选用马蹄袖，一般女子多数为平袖。到了清代中、后期，传统旗服款式受到汉文化的影响，开始向紧衣身、直腰型转变，领子也从原来的无领变化为立领，且领子高度慢慢增高，在清末时最高达两寸不止（图1.36b）。

图 1.35　穿旗服的清代四妃子

（据《中国古代服饰研究》）

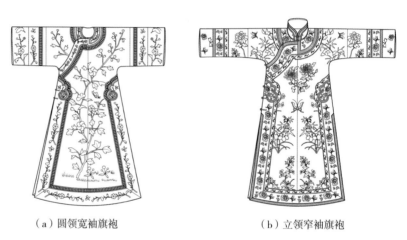

（a）圆领宽袖旗袍　　　　　　　　（b）立领窄袖旗袍

图 1.36　旗袍示意图

2. 汉女服

　　清初朝廷曾强迫汉人改变服制，但主要是针对男性，对女性相对比较宽松。清初有"十从十不从"律令，其中之一是"男从女不从"；民间则有"俗改僧不改、男改女不改、生改死不改"之说。因此，女子在清代初期仍延续明代服装的传统习俗，多数还保持着明代旧制，仍以衫、袄为主。有时则在衫、袄的外面再加一件长马甲，下身穿各式长裙。到了清末，由于满汉人民长期生活共处，久而久之，穿着服装的习俗也互相影响和融合。汉族女子中也有人穿起旗服，但汉族女子穿的旗服大多数是经过改良后的旗服，如衣身略收紧，袖口有大有小，领子也不高。

　　清中、后期的汉女服衣身以宽大为主，衣长盖臀，袖宽过尺，领口衣襟及袖子上采用滚、镶、嵌、荡和绣等特色工艺（图 1.37 和图 1.38）。乾隆年间流行大袖宽身，到了咸丰、同治年间，衣身和袖口略有收小，但衣服的长度却有明显增加，衣长几乎及膝。值得一提的是，闻名于世的中国传统服装特色工艺中的"十八镶滚"即在此时期产生。"十八镶滚"是指在领子、衣身、袖子等处，采用多道镶边、滚边、嵌线和荡条，将传统服装特色工艺的精湛程度发挥到了极致。

图 1.37　穿宽袖袄衫、长裙的清末女子　　图 1.38　低领宽袖长袄、长裙示意图
（据文献资料设计绘制）

　　袄是从短襦演变而来的一种服装，其款式一般是大襟、窄袖，有夹袄、棉袄、皮袄等之分。清初时期，女袄一般做得比较紧身短小，穿着时衬在大袖衣衫内；清晚期则开始出现一种衣长过膝的长袄，用作外衣穿着（图 1.39 和图 1.40）。

图 1.39　穿窄袖袄衫、长裙的清末女子　　图 1.40　高领窄袖长袄、长裙示意图
（据文献资料设计绘制）

　　汉族女子服装穿着品种较为丰富，基本品种由内到外为：肚兜、贴身小袄、长衫或长袄，外出时套马甲或披风。肚兜以布带悬于项间，且只有前片而无后片；贴身小袄一般选用绸缎或软布，颜色多鲜艳；长衫和长袄按季节分有单、夹、皮、棉，式样为右衽大襟，衣长至膝下，袖口初期尚小，中期逐渐放大，到光绪年间又复短小，领子时高时低。马甲多为秋凉时穿用，长可至膝盖；披风为外出之衣，款式多为对襟大袖或无袖。

　　汉族女子下裳以长裙或裤为主，穿着在长衫或长袄之内，因上衣较长，如穿裙在衣下仅露尺许，裤子腰间系裤带垂于左面，但绝不能外露。

民国服装

1911 年 10 月，由孙中山先生领导的辛亥革命推翻了清朝统治，结束了中国两千多年来的封建专制，改元易服，中国人从头至脚焕然一新。民国元年（1912 年）北洋政府公布《服制案》，对男女礼服做出了详尽规定："议定分中西两式。西式礼服以呢羽等材料为之，自大总统以至平民其式样一律。中式礼服以丝缎等材料为之，蓝色袍对襟褂，于彼于此听人自择。"这是中国近代服装发展历史过程中，第一次由国家政府出面发布的服制条例，条例中规定的服装可被称之为"国服"。1929 年 4 月，南京国民政府公布《文官制服礼服条例》规定："制服用中山装。"1936 年 2 月，南京国民政府颁布《修正服制条例草案》，再次明确中山装为男公务员制服。国民政府同时又规定：在特任、简任、荐任、委任四级文官宣誓就职时，一律穿中山装，以示奉孙中山之法，继承孙中山遗志。20 世纪 40 年代，第一次提出了女子"旗袍"概念，其中规定"女子常服与礼服都仿如旗袍的改装"，明确了女子的常服与礼服都是旗袍。至此，中西两式礼服和男子中山装、女子旗袍成为民国时期官方认可的代表服装。虽然民国时期倡导穿西装、中山装和旗袍，但并不排斥原来的传统服装，男子长袍、长衫与马褂及女子袄、衫与裙等仍被用作主要常服和礼服，并流行。

一、男子主要服装

民国早、中期，男子主要的代表服装为中西两式礼服，有大礼服和常礼服。大礼服即西式礼服，有昼、晚之分，昼穿晨礼服，晚穿燕尾服。常礼服又分为西式和中式两种，西式常礼服多指一般的西装款式，中式常礼服为传统的长袍和马褂。从民国中期开始，中山装脱颖而出，多次由国民政府颁布条例规定作为礼服。因此，在民国中、后期，长袍、马褂和西装、中山装成为最典型的男子代表服装。

1. 大礼服

大礼服中的昼礼服是晨礼服，西装领造型，衣长与膝齐，袖与手脉齐，衣前对襟，衣后下端开衩，黑色用料，裤穿竖条纹西式长裤，足穿黑色皮鞋（图 1.41 和图 1.42）。大礼服中的晚礼服是燕尾服，西装领造型，后衣片似燕尾形呈两片开衩，料用黑色为正色，裤穿同料同色西式长裤，足穿露出袜子的黑皮鞋（图 1.43 和图 1.44）。穿大礼服时都要戴帽子，一种高而平顶的有檐帽子，俗称大礼帽。

晨礼服与晚礼服的穿着搭配要求有所不同。晨礼服最醒目的特征就是上下身不同色，黑色上衣与深灰色条纹裤子的搭配，一直是晨礼服的经典组合。而晚礼服中，无论是奢华、高级的大礼服（燕尾服），还是标准的西装（领子和驳头上覆盖黑色绸缎）礼服，都一定要讲究上下身同色。

图 1.41　手拿大礼帽、穿晨礼服的男子　　　　图 1.42　晨礼服示意图

图 1.43　戴大礼帽、穿燕尾服的男子　　　　图 1.44　燕尾服示意图

2. 西装

所谓西装，广义上是指所有从西方传入或仿制西方款式的服装，狭义上特指男西式套装。西装从 19 世纪末开始传入我国，20 世纪 20 年代起在我国一些大、中城市的上层人士中流行（图 1.45）。

民国时期的西装流派有英国派、欧美派、罗宋派、犹太派等，其中最具代表性的是英国派和罗宋派（即俄国派）。英国派注重西装造型合体美观，讲究手缝工艺精湛细致。罗宋派注重西装挺括硬板，强调胸部饱满和袖子曲势圆顺。民国时期的西装款式主要是：领型有平驳领和戗驳领；叠门有单排扣和双排扣；纽扣有一粒钮、二粒钮、三粒钮不等；下摆有后开衩、摆缝衩、不开衩；口袋有开袋和贴袋等种类（图 1.46）。如果将西装的领型、叠门、纽扣等局部分类进行不同的组合搭配，可以设计出符合每个人所爱好新的西装款式。此外，西装所用面料多为呢绒毛料，衬里辅料采用马鬃衬、黑炭衬、美丽绸或羽纱等。

图1.45　戴小礼帽、西装革履的男子　　　　图1.46　民国西装示意图

3. 马褂、长袍

马褂和长袍是整个民国时期男子的主要传统代表服装。

马褂款式为中式立领、对襟窄袖、衣长至胯不等，前衣襟竖排缝钉五对一字形盘扣（图1.47和图1.48）。马褂有礼服与便服之分，用作礼服的马褂在款式、面料、色彩及具体尺寸上都有一定的要求，面料选用黑色绸缎织品为佳。用作便服的马褂，其衣长加长至臀部，面料采用棉、麻布为主，色彩不做要求，以适合劳作和行动。这种加长版马褂，以后便成为民

图1.47　戴瓜皮帽、穿马褂和长袍的男子　　　　图1.48　民国马褂示意图

国时期中、下层男子穿着最广泛的服装，被俗称为"中装"。以后这款"中装"成了整个中装家族中的最典型的代表服装，"中装"名字由此诞生，以示不同于西式服装。

长袍款式为中式立领、大襟右衽，衣长及脚踝，窄袖，袖长比马褂之袖略长（图1.49和图1.50）。一般夹为长袍，单称长衫，衣色以蓝、黑为尚。若作便服之长袍，颜色则可不加限制。在初春或深秋之际，人们常在长袍之外加穿一件马甲，以代替马褂。

图 1.49　戴礼帽、穿长袍的男子　　　图 1.50　民国长袍示意图

4. 中山装

中山装是中国近代服装发展史中最成功的一次服装改革范例，成为民国以后中国男子几代人的代表服装。最早的中山装形制为关闭式小八字形领口，前衣襟处有七粒纽扣，前衣片上下左右缝缀四个明贴袋，上口袋为有褶裥式贴袋和倒笔架形口袋盖，下口袋为可涨缩"琴袋"并有袋盖，后背有中缝，后背腰部有装饰横阔带。以后中山装的款式有所变化，主要反映在领子、衣身、袋盖，纽扣及袖口等部位。其中最大的改动是：前衣襟处七粒纽扣改为五粒纽扣，上口袋取消褶裥，后背改为无中缝并取消后腰部横阔带。中山装选用面料和颜色比较随意，棉、麻、呢绒均可为之，常用颜色有蓝、灰、黑、白、米黄、咖啡、藏青等。中山装用作礼服时，夏季用白色，其他三季则多用灰、黑两色。

在解释中山装的设计含义时，一般是这样认为：上下四个口袋象征国之四维，即礼、义、廉、耻；上口袋盖为倒笔架形，寓意以文治国；依据国民政府行政、立法、司法、考试、检察五权分立的原则，前衣襟由原七粒扣子改为五粒扣子；依据民族、民权、民生的三民主义原则，袖口缀上三个小扣子；衣领改为封闭式翻领封，寓意"三省吾身"和严谨治国（图1.51和图1.52）。

图 1.51　戴考克帽、穿中山装的男子　　　　图 1.52　民国中山装示意图

二、女子主要服装

民国时期女子服装的发展演变是近代中国女子服装发展过程的一个转折阶段。19 世纪末 20 世纪初，西式服装开始传入中国，至 20 世纪二三十年代，已经形成男子"西装"、女子"时装"两大潮流，传统服装一度受到冲击影响。后经过较长一段时期的中西服装融合，在保留女子传统服装的基础上，又吸收了西式时装长处，形成了适合于我国女子穿着的代表服装袄裙和旗袍。最终袄裙与旗袍并驾齐驱，成为能反映民国时期最具特色的女子代表服装。

1. 袄裙

袄裙是指女子上身穿袄，下身着裙的统称，通常以短袄长裙款式出现，成为民国时期女子流行穿着的一种固定搭配。袄裙沿袭了清末汉女服基本款式与造型，成为民国时期女子流行穿着的一种固定搭配。上衣有袄与衫，多以袄为主，下裙主要是长裙。袄的款式有斜襟和偏襟等；衣摆有方有圆，衣身宽瘦长短的变化也较多。在领、袖、襟、摆等处多镶滚花边或加以刺绣。经过改良的袄一度成为民国最新式女服，被称为"文明新装"（图 1.53 和图 1.54），其先流行高领，领子越高越时髦，后渐而又流行低领，领子越低越时尚。袖子的变化也是如此，时而流行长袖，长过手腕，时而流行短袖，短至露肘。最典型的短袄大袖口阔至 7 ~ 8 寸，也就是所说的"倒喇叭袖"。下裙主要是长裙，款式多为马面裙和百裥裙等式样。

袄裙在民国时期以其短袄长裙的款式，朴素简洁、淡雅的风格受到青年女学生的青睐，成为女学生装的主要形制之一。袄裙在民国后期仍然一直流行，但款式已基本固定。女子上穿紧身短袄下配马面裙等长裙，并做彩绣装饰，使袄裙成了民国时期女子主要代表服装之一（图 1.55 和图 1.56）。

22

图 1.53　穿窄袖袄裙的女子　　　　　　　图 1.54　窄袖袄裙示意图

图 1.55　穿倒喇叭袖袄裙的女子　　　　　图 1.56　倒喇叭袖袄裙示意图

2. 旗袍

旗袍本意为清代旗女之袍，清末民初逐渐被汉族女子接受。清末旗袍原衣身宽大且长，袖口窄小。20 世纪 20 年代初，受外来文化影响，上海服装界首先引进西式裁剪方法，开始对旗袍进行改良，缩短衣长，收紧腰身，衣领紧扣，衣身曲线鲜明，加以斜襟的韵律，使旗袍造型发生了较大的变化，从而衬托出东方女性端庄、典雅、沉静、含蓄的芳姿，形成了富有民国特色的改良旗袍（图 1.57 和图 1.58）。

旗袍改良之后仍在不断变化，先时兴高领，继而又高掩双腮，后又为低领，低到无可再低时，索性将领子取消，但最后还是多选择中等立领高度，之后定型被称为"旗袍领"，一直影响和流行至今。袖子时而长过手腕，时而短及露肘，20 世纪 40 年代还去掉袖子，即为无袖。旗袍长时可及地，短时至膝间。开衩口也是变化多种，低时在膝中，高时及胯下。旗袍经过不断改良与吸收外来西式服装文化，使之更加轻便适体（图 1.59 和图 1.60）。

自 20 世纪 30 年代起，旗袍成为民国时期大、中学校女学生的校服，成为十里洋场中摩登女郎、影剧明星等人群的首选服装。一时间，旗袍几乎成了中国妇女的标准服装，民间女子、工厂女工、达官显贵太太，无不穿着。旗袍甚至成了交际场合和外交活动的礼服，成为民国时期具有中国特色的女子代表服装。

图 1.57　穿改良长袖旗袍的女子

图 1.58　改良长袖旗袍示意图

图 1.59　穿改良短袖旗袍的女子

图 1.60　改良短袖旗袍示意图

第五节
中华人民共和国成立后服装

中华人民共和国成立初期服装的发展经历了一个比较平稳的过程，长袍马褂、西装旗袍逐步退出了服装主流层面。人们穿着简便，服饰朴素，以穿中山装、列宁装、中式服装为主，服装色彩单调以蓝灰为尚，服装或布料需凭票定量购买且多为棉布类。

20世纪六七十年代，军装成为当时全民最时兴的服装。在那个年代人们都以穿军装为荣，不管尺寸大小、新的还是旧的，甚至戴顶草绿色军帽也引以为豪。之后，在军装的基础上，产生了形似军装式样的军便装。

20世纪80年代开始，随着改革开放的逐步展开，人们解放思想，实事求是，开始重视服装的穿着，款式多样、缝制精致和色彩缤纷的服装越来越多地走进了中国人民的视野和生活之中。短短几十年，我国服装领域发生了巨大的变化。2001年上海APEC会议新唐装闪亮登场，2014年北京APEC会议新中装再次亮相，再一次向全世界展示了中国传统服装的魅力。随着全球品牌服装的大量涌入，标志着中国人民穿着的服装趋于更加丰富多彩，人们可以根据自己的穿着爱好和生活水准，自由地选择自己喜欢的各种服装。

一、男子主要服装

中华人民共和国成立后，男子曾经流行过的主要代表服装是：中山装、中装（对襟）、军装（军便装）、西装、夹克衫和唐装等。

1. 中山装

中华人民共和国成立初期的中山装款式基本按照民国款式，只是在款式细节上略做了一些变化，如领子的翻领前端由小略变大，左右前胸贴袋的袋盖形状定型为倒山坡形。毛主席多次穿着这种改进型的中山装公开露面，国外媒体把这种中山装称作"毛式中山装"。此后，中山装在中国男子中广泛普及，既可以作为常服，也可作为礼服。中山装制作工艺有精制和简制之分，面料有呢绒毛料和一般布料之分。毛料有华达呢、麦尔登等，布料最早用棉咔叽布料，后又发展为涤卡布料。此时的中山装款式无多大变化，只是在缝制时的止口缝线工艺上有所区别，这些区别主要反映在领子边缘、门襟止口边缘、胸贴袋和大小袋盖边缘，缝线工艺分为单止口和双止口工艺。精制的毛料中山装采用单止口（0.4cm）工艺，普通的布料中山装多采用双止口（0.1cm/0.8cm）工艺。毛料中山装颜色主要为藏青色和灰色，布中山装颜色主要为蓝、灰及咖啡色等。在中华人民共和国成立后相当长一段时期里，中山装一直是男子服装中穿着最广泛的代表服装，从20世纪50年代一直流行到90年代初，并影响至今（图1.61和图1.62）。

图 1.61　穿中山装的男子　　　　　　　　图 1.62　中山装示意图

2. 中装（对襟）

中装相对于西装而言，它是民国时期为了区别于西式服装所特取的对应名称。广义上的中装是我国传统服装样式的总称，包括袍、褂、袄、衫等。男子穿着最常见的代表性中装款式，衣襟多采用对襟，领子为中式立领，上衣只有袖底缝和侧摆缝相连的一条结构线，没有肩缝和袖窿部分，用布料制作的盘扣连接衣襟，盘扣可选 5 ～ 9 对不等（图 1.63 和图 1.64）。

中华人民共和国成立后，中装穿着最大的群体为农村广大农民，且用自纺自织土布缝制。城市里中装穿者多为中老年人。在那个年代，冬季为了御寒保暖，中装基本上成为我国男子的主流服装，包括城市里的男子都穿上中式棉袄并套中式罩衫，其款式为立领、暗门襟、连袖和左右暗插袋。

图 1.63　戴草帽、穿对襟中装的男子　　　　图 1.64　对襟中装示意图

3. 军装（军便装）

20世纪60年代流行的军装是中国人民解放军陆、海、空三军装备的"六五"式军用常服，军装是那个时期年轻人最时髦的标志。

军便装是指选用除了草绿色军装面料以外，用其他色泽的面料作为主面料，其款式与工艺全部仿照军装款式而制作的一款服装，也是当时流行的一款普通的男子常服（图1.65和图1.66）。

图1.65　戴解放帽、穿军便装的男子　　　　图1.66　军便装示意图

4. 西装

20世纪80年代是改革开放初期，在中国沉寂了将近三十年的西装被重新唤醒，党和国家领导人带头穿西装，一时间在国内外引起轰动。1984年起，北京、上海等大、中城市掀起了"西装热"，雨后春笋般的服装企业应运而生，这直接推进了我国服装产业的迅猛发展，并由此诞生了一批以生产西装为核心产品的大、中型服装企业。

此时期流行的西装最基本款式为：平驳领、单排二眼二粒钮，左胸部有一个手巾袋、前腰部左右各一个有袋盖的大袋，后背有中缝，下端开背衩。20世纪90年代初、中期，又开始流行戗驳领双排扣西装，其基本款式为戗驳领、双排一眼六粒扣（或二眼八粒扣）等。之后，平驳领单排扣、戗驳领双排扣西装一直成为中国男子西装最经典的两个标准款式，并一直延续至今。

进入21世纪后，西装的面料、款式、工艺及西装文化，又有了更进一步的提升（图1.67和图1.68）。人们对西装的品位要求更高，追求个性化的高级定制成为一种趋势。有一家研究机构曾做过民意调查：西装已成为中国男子穿着频率最高的服装之一，西装是现代男子服装的永恒主题。

图 1.67　穿西装的男子　　　　　　　　图 1.68　西装示意图

5. 夹克衫

夹克衫属于外来西式服装,原来主要在青年人中流行或作为工人的工作服。原基本款式特征为:短衣长袖,衣身宽松,前衣襟装拉链,下摆和袖口收紧,有用作工作服的夹克衫,也有用作便装的夹克衫。21 世纪初期开始,夹克衫的款式形态发生了较大的变化,如将原来的衣身加长,下摆及袖口不收紧,使穿着时更加舒适随意。同时主面料选用呢绒毛料,配以粘合衬、里料及精湛的缝制工艺。将原来一件普通的夹克衫打造成了精致、合体、高档次的服装,使其既可以作为休闲服装穿着,也可以作为礼仪服装在非正式场合下穿着,受到了政府官员和普通百姓们的喜爱(图 1.69 和图 1.70)。

图 1.69　穿夹克衫的男子　　　　　　　图 1.70　夹克衫示意图

6. 唐装

唐装是外国人称呼海外华人为"唐人"及称呼华人聚集地为"唐人街"的延伸词。"唐装"以短衣形式出现，其款式结构来源于清代与民国时期的马褂，主要特征为：传统中式立领、一字形盘扣和对襟衣襟等。"唐装"与世界其他国家或民族代表服装相比，其款式结构具有唯一性，基本没有重复性。"唐装"正式流行源于 2001 年在上海举办的 APEC 会议，20 位中外领导人身穿"新唐装"受到举世瞩目，并获得一致赞扬，之后中华大地掀起"唐装热"。把现代中华传统中装称为"唐装"，现已成为海内外许多人士的共识。

唐装有各种不同的款式与面料，可根据个人爱好进行选择。例如：立领、对襟唐装适合中、老年人穿着（图 1.71 和图 1.72），立领、暗襟唐装适合于年轻人和中年人穿着（图 1.73 和图 1.74）。

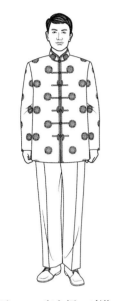 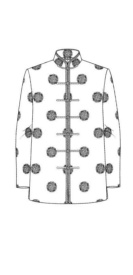  

图 1.71　穿立领、对襟　　图 1.72　立领、对襟唐装　　图 1.73　穿立领、暗襟　　图 1.74　立领、暗襟唐装
　　　　　唐装的男子　　　　　　　　示意图　　　　　　　　唐装的男子　　　　　　　　示意图

二、女子主要服装

中华人民共和国成立后，女子流行的主要代表服装是列宁装、中装（斜襟）、两用衫、时装、旗袍和汉服等。

1. 列宁装

所谓列宁装，是指俄国十月革命前后革命导师列宁经常穿着的一种服装。款式为大翻驳领、双排扣，前衣襟原男、女都为左叠门，左胸原有一个怀表袋后来取消，腰间左右两只斜插袋，束腰带，也有不束腰带的。列宁装最初流行始于延安时期，为男女皆服的款式。中华人民共和国成立以后，因毛泽东主席和其他党和国家领导人在公开场合都只穿中山装，仿效领袖穿中山装成为时尚，所以男子穿列宁装的逐渐减少，最后基本不穿。于是，列宁装渐渐仅为女性穿着，后成为我国成立初期女性最时尚的服装。一时间，城市女干部和进步女性都喜欢穿列宁装。穿上列宁装，留短发或梳辫、不施脂粉，脚穿布鞋或胶鞋，一副标准的革命女性形象便跃然眼前（图1.75和图1.76）。列宁装成为我国成立后女性最早的一件代表服装。

图 1.75　穿列宁装的女子　　　　　图 1.76　列宁装示意图

2. 中装（斜襟）

中华人民共和国成立后相当长一段时期，城市里普通女子和农村中广大女子多数以穿中式服装为主，服装样式主要为斜襟短衫或短袄。斜襟短衫、短袄款式简单为中式立领、斜襟，用布料制作盘扣连接衣襟，盘扣数量不等，选料有细布和土布之分（图1.77和图1.78）。

图 1.77　穿斜襟中装的女子　　　　　图 1.78　斜襟中装示意图

3. 两用衫

两用衫是一种衣领可闭合可翻开、直腰身、无背缝的女上衣，流行于20世纪六七十年代至80年代初期。两用衫款式简洁，前衣片两片、后衣片一片，前门襟四粒纽扣，左右有大贴袋或暗插袋。60年代多用咔叽棉布缝制，70年代开始用涤卡、中长纤维、混纺毛料等制作。两用衫有单、夹两种，春秋季选一般布料为单，冬季选呢绒毛料为夹（图1.79和图1.80）。

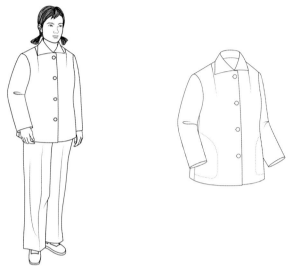

图1.79　穿两用衫的女子　　　　图1.80　两用衫示意图

4. 时装

"时装"名词专属女装，它不是单指某一件服装或一条裤子，而是泛指一组服装群体。时装伴随着每个年代、每个时期，因不同流行而产生。时装的面料色彩、款式造型、制作方法等元素始终富有时代感和潮流感。自20世纪70年代后期开始，随着我国改革开放后国门打开，内地最先受到港台时装的影响，随后是大量西方时装的涌入。我国服装界先后经历了诸如喇叭裤、牛仔裤、喇叭裙、迷你裙、连衣裙、西装、皮夹克、风衣、紧身套装、乞丐服、露脐装、透视装、户外服和羽绒服等一系列时装的轮番流行，从而引领了中国时装的蓬勃发展（图1.81和图1.82）。

（a）喇叭裤　　　　　（b）牛仔裤　　　　　（c）喇叭裙　　　　　（d）迷你裙

（e）蝙蝠衫 　　（f）青果领套装 　　（g）露脐装 　　（h）乞丐装

图 1.81　穿时装的女子

（a）西装套裙 　　　　（b）连衣裙 　　　　（c）风衣

（d）皮夹克 　　　　（e）户外服 　　　　（f）轻薄羽绒服

图 1.82　部分时装示意图

5. 旗袍

20 世纪 90 年代开始，作为能衬托中国女性身材和气质的旗袍，再次闪亮登场。后经过多年影视文化、选美竞赛、时装表演等宣传影响，领导人夫人、女性外交官员在外事活动中频频身穿旗袍亮相，在中国举办的大型国际会议和体育盛会中，礼仪小姐的服装也多选择旗袍。旗袍不仅在国内复兴，还遍及世界各个时尚之地。此外，还有不少国际服装设计大师以旗袍为灵感，设计出具有国际风韵的旗袍，并将中国旗袍与欧洲晚礼服媲美。进入 21 世纪后，无论是在国际时装舞台上，还是日常工作和生活中，中国旗袍始终以多变的姿态展现着中国女性的美丽，演绎着别样的东方风情，旗袍被视为现代中华民族女子代表服装的象征（图 1.83 和图 1.84）。

图 1.83　穿旗袍的女子　　　　　　　图 1.84　旗袍示意图

6. 汉服

汉服起源于西周时期的深衣，汉代又演变为曲裾袍与直裾袍。如今的"汉服"是对经过重新设计打造后现代汉服的称呼。现代汉服继承了传统汉服的主要元素，其基本特征为：交领、右衽、大袖和长衣形式，并配以华丽的丝绸或化纤面料及多种时尚色彩，这使汉服具有显著的历史特征和鲜明的现代气息（图 1.85 和图 1.86）。2003 年起，汉服在我国部分城市开始兴起，主要受到年轻一代的追捧，一直延续至今。

图 1.85　穿汉服的女子　　　　　　　图 1.86　汉服示意图

第六节
中国历代服装沿革

人类经历了漫长原始社会的赤身裸体的时光后，学会了用蔓草树叶及动物兽皮裹身，山顶洞人使用的第一枚骨针标志着我们祖先此时有了衣服的雏形。从春秋战国开始，深衣作为最早的服制形式成为当时男女的常服，它对以后整个中国服装的发展演变产生了重要的影响。战国时期，汉民族第一次接纳外域民族服装，如赵武灵王采纳的"胡服骑射"，就彰显了中华民族虚心好学的博大胸怀。秦汉时期的交领大袍、魏晋南北朝的大袖长衫、隋唐五代的圆领袍服等，都表明了中国服装的多元性。自唐宋时期，包括辽、西夏、金、元等时期的少数民族服装与汉族服装的相融共处，波斯式的大衫、六合靴、吐火罗式的窄袖袍、小口裤等，都或多或少地被接纳或吸收。明清以后，西学东渐，西洋文化在中华大地融入，外来服装文化对中国服装的发展起到了一定的推动作用。特别是在近代和现代，中国服装不仅增加了西式服装的元素，而且具有中国特色的传统服装也得到了保留和创新。

因此，当我们今天浏览中国服装发展演变历程时，可以明显感到中国服装在各个历史阶段都形成了自己独特的代表，勾勒出一幅幅灿烂夺目的美丽画卷（表 1.1）。

表 1.1 中国历代服装沿革简表

朝代	年代	服饰	服饰特点
史前	约一万八千年前（山顶洞人）		史前先人狩猎后，用石锥把动物毛皮切割，再利用骨针以动物韧筋或植物葛藤为线，将毛皮缝制成最原始遮体的"衣裳"
西周	前 1046—前 771 年		男子戴高巾帽，穿交领右衽窄袖衣，腰束绅带，并饰蔽膝；女子梳髻，插对笄，穿矩领窄袖衫，腰下饰有蔽膝

（续表）

朝代	年代	服饰	服饰特点
东周	前770—前256年		男子戴高冠，穿曲裾袍服，是为深衣； 女子梳双辫，穿窄袖短衫，足穿革靴，是为胡服
秦代	前221—前207年		男子梳髻，穿三重衣，腰系革带，腰带缀有带钩，腿裹行藤； 女子脑后垂髻，穿曳地长袍，领袖各叠为三层，俗称"三重衣"
汉代	前202—220年		男子戴梁冠，穿大袖曲裾或直裾袍，耳边簪白笔，是为文官服饰； 女子梳髻，插珠玉步摇，袍服垂地，衣襟盘旋而下，是为绕襟深衣
魏晋	220—420年		男子戴笼冠，穿大袖袍衫，褒衣博带，腰系围裳； 女子梳假髻，穿窄袖衣帔子，下穿长裙

朝代	年代	服饰	服饰特点
南北朝	420—589 年		男子戴小冠，穿裤褶裲裆，裤管膝盖处各缚一带； 女子梳飞天髻，穿对襟大袖衫，下穿长裙，足穿笏头履
隋代	581—618 年		男子戴介帻，穿盆领大袖袍，褶裆衫； 女子梳平髻，穿窄袖短襦，长裙曳地，裙腰系在腋下
唐代	618—907 年		男子裹软脚幞头，穿圆领窄袖衫，足穿六合靴； 女子梳螺髻，穿襦裙服、半臂，肩上搭有披帛
辽代	947—1125 年		男子髡发，穿圆领窄袖大袍，足穿高筒皮靴； 女子帛巾扎额，穿左衽窄袖长袍，腰间系带，下垂过膝

36

朝代	年代	服饰	服饰特点
宋代	960—1279 年		男子戴长脚幞头，穿圆领大袖袍衫，是为官服； 女子梳高髻，戴高冠，穿窄袖对襟背子，下穿长裙，足穿弓鞋
元代	1271—1368 年		男子梳辫，戴瓦楞帽，穿窄袖大襟长袍，足穿革靴； 女子戴顾姑冠，穿大襟长袍，足穿革靴，是为贵妇服饰
明代	1368—1644 年		男子戴乌纱帽，穿盘领袍，袍子前后缀有补子，是为官服； 女子梳双髻，穿宽袖衫，长裙，外着比甲
清代	1644—1911 年		男子戴暖帽或凉帽，穿马褂和长袍，袍服马蹄袖，是为官服； 女子梳旗髻，穿旗袍，外着琵琶襟马甲，足穿花盆底鞋

（续表）

朝代	年代	服饰	服饰特点
民国	1911—1949年		男子戴呢料礼帽，穿窄袖对襟马褂、长衫，足穿布鞋或皮鞋； 女子烫发，穿改良旗袍，戴耳环、手镯、戒指等饰物
中华人民共和国成立至今	1949年—至今		男子穿中山装，为翻折立领、衣襟五粒扣、山坡形胸袋盖与风琴形大袋； 女子穿立领、斜襟与盘扣中装
			男子穿平驳领、单排二粒扣西装； 女子穿时装，上身为有公主线收身上衣，下配裙子
			男子穿立领、对襟与盘扣的唐装； 女子穿合体收身旗袍

38

中华新唐装

第二章 盛世新唐装

2001 年 10 月 21 日上午，参加上海亚太经济合作组织（简称"APEC"）第九次领导人非正式会议的 20 位中外领导人，身穿五彩缤纷、具有浓厚中华民族传统服装特色和融入了新世纪时尚文化理念的新唐装，依次迈步进入上海科技馆主会场亮相。现场工作人员和电视机前的亿万观众为之振奋，中外媒体交口称赞。至此，一代华服——新唐装，诞生了。

第一节
新唐装介绍

新唐装共分中国红、绛红、暗红、蓝、绿、棕六种颜色，颜色由参加2001年上海APEC会议的20位领导人自选。新唐装在款式造型上保留了中国传统服装的古朴风格，又创新了现代服装洒脱自如的特点。版型裁剪中做到了整件服装衣片不开刀、不打褶、不收省，保持了中国传统服装衣片的完整性。缝纫制作中运用了传统服装滚边、盘扣等特色工艺，结合采用粘合、归拔等现代制作工艺。衣料采用了传统丝绸织锦缎，以桑蚕丝与铜氨丝交织纺织技术及环保型染料印染。花型图案设计以传统团花纹样式样为基础，用中国名花牡丹围绕于"APEC"四个字母组成团花，以寄托中国人民对此次APEC经济体大家庭相聚中国、相聚上海的美好祝愿。

一、服装取名

2001年上海APEC会议召开之前，最大的悬念和亮点是什么？毫无疑问是每位与会领导人所穿着的、由举办国统一设计制作的服装。曾有媒体把它称为"一级机密"，也有媒体把它称为"高级机密"。其实，自从1993年在美国西雅图召开第一次APEC会议后，每次APEC会议期间领导人都会穿上由东道主准备的服装，拍摄一张会议"全家福"，这已成为一个惯例，并成为每次APEC会议中最靓丽的一道风景线。因此，历届APEC会议中领导人穿着何种服装，在正式亮相之前，一般都是举办国的"机密"，也是世人关注的热点之一。

由于2001年上海APEC会议筹备部门和参加服装设计制作有关人员，对此次领导人服装设计制作的保密工作做得非常好。因此，尽管APEC会议召开之前就有许多新闻媒体纷纷猜测，探听领导人服装设计制作的内幕情况，但始终未能如愿。直到2001年10月21日上午8:20开始，当参加会议的20位领导人身穿由中国政府准备的统一服装，在主会场——上海科技馆亮相后，谜底才大白于天下。随之而来的是各种新闻媒体争先恐后地采访、报道，以及对领导人服装名称五花八门的称呼。其中最大的焦点在服装的取名，如这不是唐代人穿的服装为什么称为"唐装"，以及"唐装"的由来、"唐装"能否代表现代传统服装等问题。

按照历届APEC会议以非正式作为主题的惯例，2001年上海APEC会议筹备部门在此次设计制作的服装送达各位外国领导人手中时，资料上的名称是："亚太经合组织领导人着装"（图2.1）。但服装一经亮相，各种新闻媒体对服装的称呼则是中式服装、中国传统服装、缎面夹克、唐服、唐装、清装、中装、中国装、中华装、盛装、华服、中式对襟夹装、马褂、新版"马褂"、APEC服、APEC中装、中西式服、元首服等。

应该指出，2001年上海APEC会议举办之时，我们缺少参加国际大型会议服装设计与制作的经验，包括对服装的取名及服装发布后所产生的影响力都预计不够，没有预案。作为2001年上海APEC会议领导人服装设

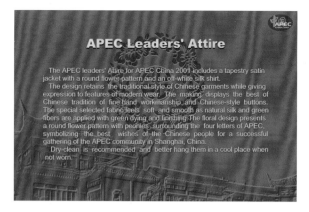

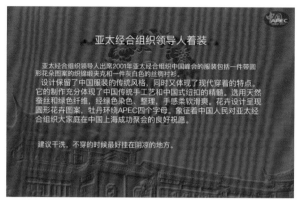

（a）英文说明书　　　　　　　　　　　（b）中文说明书

图2.1　APEC会议领导人服装说明书

计制作项目的最直接参与者，我们感到有必要和有责任要为服装取一个通俗易懂、简明扼要的名字，给2001年上海APEC会议领导人服装设计和制作画上一个圆满的句号。

为了能比较确切地给服装取名，我们多次查阅了有关服装历史和人文的资料，走访请教了数位著名专家和学者。最后经过反复讨论，统一认识，于2001年11月初向有关媒体发布了对服装的称呼，即"唐装"和"新唐装"。在2001年12月中旬召开的《新唐装》一书编写提纲研讨会上，再次确定服装名称，同时将"新唐装"三字作为书名确立下来（图2.2和图2-3），并邀请原上海中国画院名誉院长程十发先生为书名题字——"新唐装"。

图2.2　2001年12月《新唐装》编写提纲研讨会　　　图2.3　《新唐装》封面

"唐装"的叫法最早是在美国唐人街华裔圈流行，后由海外的中文报刊登报道。接着在中国，主要是港台地区和南方少数几个沿海城市的民间流传，但是一直没有登上大雅之堂。

"唐装"中的"唐"，象征中国历史源远流长，象征祖国太平盛世繁荣昌盛，是后人对中国历史发展过程中鼎盛时期的一种回忆。

中国传统服装的具体种类概括起来主要有这样几种简称：衣、裳、襦、袍、褂、衫、袄等。自奴隶社会西周起，每一个朝代对服装的穿着礼仪，包括服装的称呼都有一定的规范。比如，夏、商、西周时期的冕服；春秋战国时期的深衣、襦裙和胡服；秦汉时期的曲裾、直裾深衣；魏晋南北朝时期的大袖袍衫；隋唐五代时期的圆领袍衫、襦裙服、半臂和披帛；宋代的圆领襕衫、对襟背子；辽金元时期的窄袖开衩长袍；明代的补服、背子和比甲；清代的长袍、马褂、旗袍、大襟袄与马甲等。所有这些传统服装的称呼都有着较为严格的定义，并一直影响至今。

"装"的概念是从西方引进的，"装"字的出现最早在清末民初，最具代表性的便是西装。从中国服装发展史角度来看，"装"的出现标志着中国传统服装开始进入近代社会的发展时期。随之而来的学生装、中山装、军便装、猎装等带有"装"字的服装，都是传统服装向近代服装过渡后并向现代服装发展的产物。其中"中山装"又是最典型的"中国装"，并在以后大约半个世纪里一直成为中国男子的代表服装。

从专业范畴上来讲，凡是能称呼为"装"的服装，必须具有一定的规范性。首先是面辅材料的配用。传统服装中的衣、裳、襦、袍、褂、衫、袄等，除了面子和里子（袄有棉絮层，称夹袄），但是没有"衬"的概念，而"装"就是靠"衬"的依托，作为支撑服装的"骨架"——衬能使服装达到挺拔饱满的效果，来衬托或弥补人体局部的某些不足等。其次，从款式造型裁剪上来看，传统服装中的衣、裳、襦、袍、褂、衫、袄等款式结构采用的都是二维平面裁剪，而"装"采用了三维立体裁剪，还刻意增加收省和打褶等手段，能够将人的曲体线条完美地展示出来，这个优点是传统服装望尘莫及的。最后是"装"与衣、裳、襦、袍、褂、衫、袄在衣长的长短上也有区别，长袍、长衫、旗袍要么衣长及地，马褂、小袄要么短与臀齐，而"装"在衣长的长度范围基本控制在与坐围齐。另外，在工艺处理上，"装"采用特殊熨烫技法，通过对衣片推、归、拔和伸缩来满足人体造型的需要。

因此，用"唐"和"装"这两字组成的"唐装"这一名词，来称呼2001年上海 APEC 会议领导人的服装是可取的，主要有如下理由。

"唐"是一个具有象征性意义的用字，反映了多重含义，"唐"是中华民族鼎盛时期的标志。"装"是西式服装的体现。"唐"与"装"的结合是传统与现代的融合，反映了传统与现代服装新的设计理念。

现代意义上的"唐"并不一定就是指唐代，而是一种泛指或特指。比如，外国人最早了解中国是从瓷器开始，英文 china 原意是指瓷器，但后来 china 就慢慢演变成特指中国。又比如，国际上习惯将中国人称为"唐人"，这里"唐人"的概念绝不是指历史上的"唐朝人"，而是特指现代中国人，包括现在居住在全世界各地的华侨、华裔。在不少国家中的一些城市里还有"唐人街"或"唐城"。因此，称呼"唐装"并不是指唐朝时期的服装，而是泛指现代中国人穿着的传统服装。从这个意义上讲，"唐装"其实就是指中式服装，是 21 世纪开始对传统中式服装的一种新的称呼。

称中国人为"唐人",而"唐朝"之"唐",又源于太原。唐高祖李渊曾任隋太原留守,太原古称"唐",李渊被袭封唐国公。后唐国公李渊灭隋立国,国号便取"唐"。因李唐王朝盛极一时,声誉远播海外,各国前来朝拜觐见者络绎不绝,均称唐朝人为"唐人"。《明史·外国真腊传》中写道:"唐人者,诸番呼华人之称也。凡海外诸国尽然。"以后随着改朝换代,明末清初,一些华人漂泊海外谋生而后逐渐定居。把在异国他乡的华人称为"唐人",居住区域称为"唐人街",穿着中华传统服装称为"唐装",便成为海外人士一致共识。由此可知,"唐装"两字是海外称呼中国人为"唐人"或称呼中国人居住区为"唐人街"的延伸词。

中华民族历史源远流长,光文字记载就有近四千年的历史。中国又是一个衣冠王国,一部绚丽多彩的服装发展史更是眼花缭乱,具有中国传统特色的服装,并能代表中国传统服装的朝代也很多。但相比之下,唐朝是中国历史上最强大、最鼎盛的时代,虽然距今已有近一千四百年历史,但盛唐的辉煌至今仍使每一个中国人感到无比自豪。唐朝诗人王维在《和贾舍人早朝大明宫之作》中做了精彩描述:"绛帻鸡人抱晓筹,尚衣方进翠云裘。九天阊阖开宫殿,万国衣冠拜冕旒。"因此,以中国历史上强盛朝代的"唐"字来称呼并代表中国传统服装,应该是当之无愧的。

海外媒体最早并多次公开使用了"唐装"这一说法,并在海外华人中得到普遍认同。同时,"唐装"两字简明扼要,读起来朗朗上口,书写方便顺手。到目前为止,似乎还找不出一个比"唐装"更好、更确切来包容和代表现代中国传统代表服装的名字。

当然,用"唐装"命名2001年上海APEC会议领导人的服装显然是不准确的。因为,此件服装已经不是过去传统意义上的"唐装",而是融合了传统和现代的新产物,在款式、面料及工艺上的保留与创新,并融入了西式文化理念的现代中式服装。所以说,为了特指2001年上海APEC会议领导人的服装,可在"唐装"两字前再加一个"新"字,即"新唐装"。

我们作为2001年上海APEC会议领导人服装设计制作项目的主要成员,在经过反复调研和讨论之后,对服装进行了比较权威的取名。后来,有关部门和媒体采纳了我们的取名,并给予报道。2002年春节期间,APEC"新唐装"则成为最典型、最有代表性的"唐装"之后,连续多年唐装广泛流行,并成为网络流行词,并一直影响至今。

二、发展演变历程

历史上唐代的"唐装"和当今的"唐装"概念不同、款式不同，穿着方式也不同。唐代时期，男子主要的代表服装是袍衫，女子主要的代表服装是襦裙服。但不管男子还是女子，唐代时期服装款式的风格都是比较强调宽松和舒展。虽然"新唐装"和唐代服装在外观款式造型上没有直接关系，但是唐代服装雍容华贵、色彩艳丽，对"新唐装"的面料、色彩设计也有一定的启示和影响。

"新唐装"（男装）面料图案和款式造型原型，可以追溯到清代时期的"龙褂""吉服褂""行褂"和"马褂"，以及民国时期的男子常服"马褂"，20 世纪五六十年代的"对襟中装"等式样。"新唐装"（女装）款式原型借鉴了民国时期的女子改良旗袍，以及 20 世纪 60 年代流行的中式对襟女装和 70 年代流行的装袖中西式女装等式样。

1. 清代时期

（1）龙褂

龙褂属于清代宫廷服装，为清代皇后、皇太后、贵妃、妃和嫔服用，其形制为圆领、对襟、左右开衩、平袖端口，长与袍相应，均为石青色。龙褂属于礼服范畴，其中最大的亮点是团花龙纹图案，且团花布局正中、对称。团花的数量分八团、四团和两团，龙纹分正龙、行龙和夔龙等区别品级。龙褂中以五爪龙八团级别最高，即在两肩、前胸后背各有一团为正龙，前后襟行龙各有两团，下幅布局有八宝、寿山、水浪、江涯及立水纹，平袖端各两条行龙及水浪纹（图 2.4）。

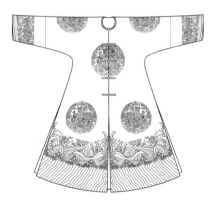

图 2.4　清代龙褂

（2）吉服褂

吉服褂属于清代宫廷服装，为清朝三品及以上宫廷女眷或皇帝册封诰命夫人服用。其形制与龙褂相同，圆领、对襟、左右开衩、平袖端口，长与袍相应，均为石青色。吉服褂最明显的标识与龙褂相似，便是衣身前后或袖子上的团纹图案。团纹图案有龙纹、蟒纹和花卉纹，按照等级不同分别对应选用。吉服褂对龙纹团花和花卉团花的布局有着明确的规定，其中前衣襟居中且左右衣片组合后的一朵团花，必须保持团花的对称完整性，其他部位团花则要求左右对称（图2.5）。

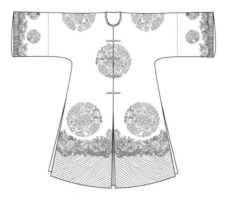

图2.5　清代吉服褂

（3）行褂

行褂是清代帝王、臣僚巡幸打猎和官员出行时所穿的短褂，款式为无领、对襟连袖，衣长与坐齐，袖长及肘。行褂与龙褂和吉服褂的区别主要有两处：一是长度不同，行褂短于龙褂和吉服褂；二是龙褂和吉服褂都有色彩明显的大团花纹样，而多数行褂无明显团花纹样，仅少数行褂有暗花纹样；行褂也不缝缀补子，少数仅以颜色区分官员等级（图2.6）。

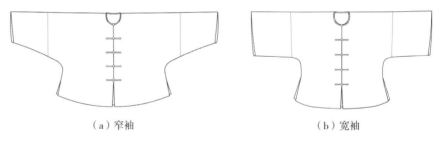

（a）窄袖　　　　　　　　　　　　　　　（b）宽袖

图2.6　清代行褂

（4）马褂

马褂的形式最早出现在隋代，有文献记载隋代御马苑养马之人一般都穿着，被称"貉袖"。马褂正式命名源于清代，因官员穿着的衣长正好满足骑马时不受影响，故称"马褂"。马褂是行褂的延伸版，与行褂相比有三个主要区别：一是行褂多以对襟形式，马褂有对襟（图2.7）、斜襟（图2.8）、曲（琵琶）襟（图2.9）等，以对襟最为常见；二是袖子不同，行褂袖宽短至肘，马褂袖口收窄长至腕；三是领子不同，行褂多为无领（圆领），马褂先也为无领，但后来发展为以立领居多，且立领高低程度不等。到清中、后期，马褂在民间广为流行，成为当时男子最基本的一种服装款式。

在清代中、后期，马褂还有一份特殊的荣耀，就是"黄马褂"，一般都是皇帝特赐侍卫亲兵、功勋卓著的官员等。"黄马褂"代表皇室的恩典，尤其黄色代表皇权，所以一般人不得随便穿着黄色的马褂。谁能得到一件皇帝恩赐的"黄马褂"，将是一生最大的荣耀。

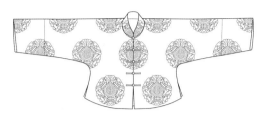

（a）男款　　　　　　　　　　　　　（b）女款

图2.7　清代对襟马褂

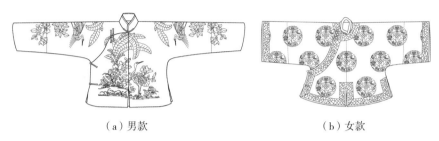

（a）男款　　　　　　　　　　　　　（b）女款

图2.8　清代斜襟马褂

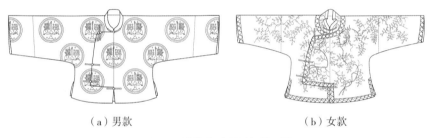

（a）男款　　　　　　　　　　　　　（b）女款

图2.9　清代曲（琵琶）襟马褂

2. 民国时期

（1）长袍马褂

民国初年，北洋政府颁布《服制案》中规定了中式常礼服为传统的长袍、马褂，料选黑色，用丝、毛织品或棉、麻织品。之后，无论是官员幕僚、富豪商人、文人墨客，还是平民百姓，只要稍有些"脸面"的人，长袍和马褂都是必备的服装，它既充当了礼服，又是日常生活中不可缺少的服装（图2.10）。

正式场合穿的长袍马褂面料的颜色首选必须是黑色。在实施了一段时间后，有人将黑色马褂穿在浅色长袍之外，因黑色马褂在上，浅色长袍在内只露出下端部分，既符合了《服制案》的规定，又产生了一种新的色彩搭配方式，受到了人们普遍的认可。以后深色马褂配浅色长袍，上深下浅成为长袍马褂的一种固定搭配，一时成为一种时尚。长袍马褂在面料选择上也很有讲究，尤其是在商人或者有一定身份或地位的人，都穿毛料或绸缎料的长袍或马褂，绸缎料上印有团纹图案，颜色以黑、蓝、棕色为主。一种印有暗团花纹样的黑色丝绸织品，成为民国时期长袍和马褂上选面料。

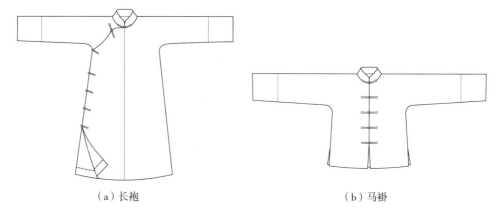

（a）长袍　　　　　　　　　　　（b）马褂

图 2.10　民国长袍马褂

（2）改良旗袍

20 世纪 30 年代初开始，民国女子旗袍款式经过对清代旗袍款式的改进，同时又借鉴了西式服装曲线适体的特点，开始向合体紧身的方向发展。到了 30 年代中期，旗袍已经中西融汇，此时期旗袍造型及制作工艺采纳了西式服装的不少手法，使旗袍款式造型发生很大的变化，如长度从原来的长及脚踝改短至小腿，胸部、腰胁、臀部紧身合体，袖长改短袖甚至无袖，连袖改成装袖，袖肥与袖口改小等。至此，旗袍的款式造型和裁剪构成，已从传统的二维平面结构演绎成西式的三维立体结构，真正地从清代旗装中脱胎换骨出来。因此，当时将这种改进后的旗袍称为改良旗袍（图 2.11），或称中西式旗袍。以后"中西式"概念频频被其他服装采用，对中国服装"洋为中用""中西融贯"的发展做出了一个很好的示范。

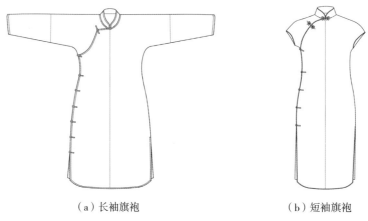

（a）长袖旗袍　　　　　　　　　　（b）短袖旗袍

图 2.11　民国改良旗袍

3. 中华人民共和国时期

20 世纪 50 年代至 60 年代，传统的长袍马褂已经很少有人穿着，但是经过改良的对襟中装成为农村里男子和城市里部分老年人群体的主要服装。这种经过改良的对襟中装衣身比长袍短，比马褂长，衣长遮臀，衣襟前缝钉布条盘扣五对或七对（多的还有九对等），衣身两侧有明贴袋或暗插袋（图2.12a），形似加长版马褂。此时，作为传统丝绸面料的绫罗绸缎也因意识形态的原因，而使无产阶级劳动人民不能沾边。因此，由机器织造的细布成为对襟中装的上佳面料。到了冬天，城市里男子流行穿中式服装，即中式暗襟棉袄和外加一件中式暗襟罩衫（图2.12b）。

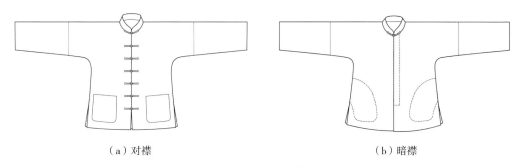

（a）对襟　　　　　　　　　　　　　　（b）暗襟

图2.12　男子中装

中华人民共和国成立以后，我国女子地位逐步提高。妇女走向社会，实现男女平等，在服装上也体现了这一社会进步的主题。女子服装开始摒弃传统旗袍和长裙，改穿短装和长裤，成为一种趋势。同时期演出的主题戏剧、电影中，女演员穿的基本都是中式短装，穿着短装已成为主流。城市里一些新潮女子以穿西式服装为尚，农村里女子和城市里部分中老年人群体的服装仍以传统中装为主，衣襟为斜/偏襟，袖子为连袖（图2.13）。

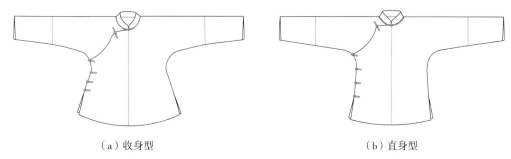

（a）收身型　　　　　　　　　　　　　　（b）直身型

图2.13　女子斜襟中装

20世纪60年代初，在北京、上海等地流行女子穿着对襟中装，这是新中国女子对男子服装款式的大胆追求，因为历来只有男子马褂才是对襟。女子对襟中装的出现无疑是女子服装款式的一次变革。其时代背景是此时期妇女走出家庭成为社会半边天，男女平等成为现实，反映在服装上便是男女款式互相融合。不过当时还只是城市里的女子喜欢和敢穿这种对襟中装（图2.14），家庭妇女和农村女子相对比较保守，大多仍以穿斜/偏襟的中装为主。

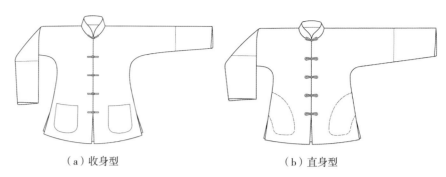

（a）收身型　　　　　　　　　　　（b）直身型

图 2.14　女子对襟中装

20 世纪 70 年代，上海服装界首先对女子对襟中装的袖子进行了改革，摒弃中式连袖式样，改为西式立体裁剪装袖。这种被称为"中西式"的女装将中式服装的平面结构与西式服装的立体结构进行了融合，推向市场后，立刻受到广大女性的认可和接受。一时间，"中西式"女装盛行，成为 20 世纪 70 年代最时髦的女子服装款式。以后这种西式装袖被运用在中式衣身上的款式，称为"中西式"。"中西式"女装的基本款式为立领、对襟和装袖，纽扣有布料盘扣和塑料圆扣两种（图 2.15）。布料纽扣用"纽"，采用其他材料钮扣用"钮"，并形成规范。

因此，如果要溯源新唐装（女装）最早的款式版本，那么 20 世纪 50 年代流行的斜襟连袖、60 年代流行的对襟连袖和 70 年代流行的对襟装袖这三种女装款式，都是"新唐装"（女装）款式的雏形。

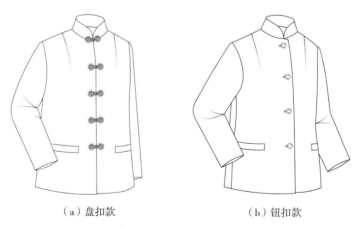

（a）盘扣款　　　　　　　　　　　（b）钮扣款

图 2.15　中西式女装

综上所述，"新唐装"的产生有着一定的服装历史发展演变渊源。新唐装（男装）款式中既有清代行褂和马褂的烙印，又有民国时期马褂的影子，还有中华人民共和国成立后在农村与城市中广泛穿着的"对襟中装"的痕迹。除了改连袖为装袖之外，其他的立领、盘扣和对襟等基本上就是行褂、马褂、对襟中装款式的沿袭。"新唐装"（女装）借鉴了民国时期流行的"改良旗袍"和 20 世纪 70 年代流行的"中西式女装"款式。

"新唐装"的纹样设计与布局主要借鉴了清代时期龙褂和吉服褂中的纹样设计布局。龙褂和吉服褂衣襟中部的一朵团花布局，左右衣片盘扣组合后，组合成一朵完整的团花纹样。如今，"新唐装"的团花纹样设计布局更加复杂，除了衣襟中部的一朵团花盘扣组合后必须完整，衣身竖向所有团花必须左右对称，衣身横向团花中袖子与前衣片也必须符合水平一致、领子团花左右对称等，最终确保"新唐装"成型后整体团花视觉效果整齐端正、垂直水平（图2.16）。

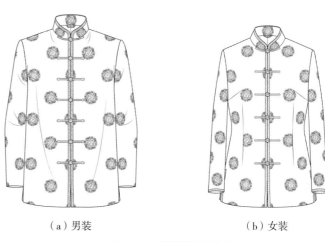

（a）男装　　　　　　　　（b）女装

图2.16　新唐装团花布局

三、款式造型概况

　　服装的款式造型主要是指服装的外形轮廓，还包括局部细节的构成。新唐装在款式造型和结构设计中摒弃了传统长衣式袍衫行走不便的缺陷，以现代短衣形式出现，能适应现代社会生活方便快捷的要求，可以在各种场合下穿着使用。

　　"新唐装"外形轮廓设计中体现了"男子宽松、女子合体"风格，在长度（衣长）以身高–100cm作为参照平衡点，在围度（领围、胸围等处）保持一定的宽松程度；在局部细节设计中，汲取了中国传统服装中最基本的特征元素，如中式立领、手工盘扣和对襟衣襟等；放弃了传统服装前后衣片联体、肩袖不分等缺乏立体感的结构造型，取而代之的是把前后衣片分开、肩袖独立装袖的现代服装结构造型。

　　"新唐装"有男装、女装及内穿男长袖衬衫和内穿女短袖衬衫四种款式造型，这四款服装可以配套穿着，也可以分开单独穿着，既可以作为礼仪正装，也可以作为休闲便装。在款式造型设计中，必须充分考虑这两种穿着方法的不同要求，可以在局部细节之处做出适当调整完善。例如，新唐装外套与内穿衬衫配套穿着，在领子部位的设计就需要进行调整，如前衣片直开领的深度、领子的宽度、领子的放松量等。

（一）新唐装（男装）

1. 款式外形

新唐装（男装）款式外形的人体效果如图2.17所示。男子穿上新唐装（男装）后，衣长与胸围及领围总体视觉效果达到宽松舒展的要求，符合新唐装（男装）"男子宽松"的设计风格。

图 2.17　新唐装（男装）人体效果图

2. 造型概述

前衣襟为无叠门对襟形式，右襟格内缝有里襟条一根，前衣襟下摆处方角；领型为中式小圆弧立领，前衣襟止口与领口边沿用镶色料滚边，滚边宽度为0.9cm；前衣片两片，不开刀、不收省、不打摺；前衣襟竖排缝钉七对一字形葡萄头直脚盘扣，盘扣长度为12cm；后衣片两片，背中拼缝，不收省、不打摺；两片袖型长袖，装袖结构，肩部内装垫肩；左右两侧摆缝腰间处设有暗插袋，左右两侧摆缝下段开摆衩，摆衩长度为14cm。

（二）新唐装（女装）

1. 款式外形

新唐装（女装）款式外形的人体效果如图2.18所示。女子穿上新唐装（女装）后，衣长与胸围及领围总体视觉效果达到合体自如的要求，符合新唐装（女装）"女子合体"的设计风格。

图 2.18　新唐装（女装）人体效果图

2. 造型概述

前衣襟为无叠门对襟形式，左襟格内缝有里襟条一根，前衣襟下摆处方角；领型为中式小圆弧立领，前衣襟止口、领口和袖口边沿用镶色料滚边，滚边宽度为0.8cm；前衣片两片，缝缉横胸省和竖腰省，前衣襟处竖排缝钉六对一字形葡萄头直脚盘扣，盘扣长度为10cm；后衣片两片，背中拼缝并收竖腰省；两片袖型长袖，装袖结构，肩部内装垫肩；左右两侧摆缝腰间处设有暗插袋，左右两侧摆缝暗插袋下段开摆衩并用镶色料滚边，摆衩长度为12cm，滚边宽度为0.8cm。

（三）男长袖衬衫

1. 款式外形

新唐装内穿男长袖衬衫款式外形的人体效果如图2.19所示。男子穿上长袖衬衫后，衣长的长度与胸围的围度及领围的围度，总体视觉效果达到宽松舒展要求，符合新唐装"男子宽松"的设计风格。

图 2.19　男长袖衬衫人体效果图

2. 造型概述

前衣襟为无叠门对襟形式，右襟格内缝有里襟条一根，前衣襟下摆处方角；领型为中式小圆弧立领；前衣片两片，前左衣片胸部处缝有圆贴袋一只，前衣襟处竖排缝钉九对一字形蜻蜓头直脚盘扣，盘扣长度为11cm；九对一字形盘扣分三组缝钉，每组盘扣排列组成一个"王"字；后衣片一片、肩部有两层过肩；一片袖型长袖，装袖结构，宽袖克夫并设计有袖衩加片，以防止不扣盘扣时产生晃动，左右袖克夫处各缝缀三对一字形蜻蜓头直脚盘扣，盘扣长度为8cm，排列组成一个"王"字。

（四）女短袖衬衫

1. 款式外形

新唐装内穿女短袖衬衫款式外形的人体效果如图 2.20 所示。女子穿上短袖衬衫后，衣长的长度与胸围的围度以及领围的围度，总体视觉效果达到合体自如要求，符合新唐装"女子合体"的设计风格。

图 2.20　女短袖衬衫人体效果图

2. 造型概述

前衣襟为无叠门对襟形式，左襟格内缝有里襟条一根，前衣襟下摆处方角；领型为中式小圆弧立领；前衣襟止口与领口边沿用本色料滚边加镶色料嵌线（简称"一滚一嵌"，本色料滚边宽度为 0.5cm，镶色料嵌线宽度为 0.2cm）；前衣片两片，缝缉横胸省和竖腰省；前衣襟处竖排缝钉五对一字形镶色嵌线蜻蜓头直脚盘扣，盘扣长度为 9cm；后衣片一片，收腰省；一片袖型短袖，装袖结构，袖口边沿用本色料和镶色料一滚一嵌；左右两侧摆缝下段开摆衩，摆衩长度为 11cm，摆衩边沿用本色料和镶色料一滚一嵌。

四、服装主要特征

2001 年上海 APEC 会议期间，20 位中外领导人穿上新唐装亮相后受到一致好评。中外媒体纷纷赞扬新唐装体现了浓厚的中华民族凝聚力和亲合力，其瞬间的爆发力和感染力激发起了全球炎黄子孙对中华传统服装的热爱。新唐装（唐装）迅速走红中华大地，成为新世纪中华民族传统服装的经典代表。

看似简单实则不简单的新唐装之所以能够脱颖而出，除了天时地利之外，最大的亮点在于新唐装具有中国传统服装的鲜明特征，其款式造型充分体现了中国传统服装中最基本的三大主要特征——立领、盘扣和对襟。

在中国传统服装历史演变过程中，不管服装款式如何变化，如衣长时长时短、衣身时紧时松、袖子时宽时窄等，但中国传统服装中的有些部位还是基本不变。比如，领子始终是交领、立领或圆领（无领）；衣襟多为对襟或斜襟（或称右衽）；袖子基本是衣身连袖；系扣多数都是用布料制作衣带或盘扣。这些都是中国传统服装中最基本的特征要素。

新唐装（唐装）集成了中国传统服装中的基本特征，汇集了其中三个最具代表性的款式造型特征要素——立领、盘扣和对襟（图2.21）。

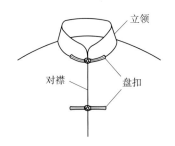

图 2.21　新唐装（唐装）主要特征

1. 立领

立领概念最早出现在明代中期内穿的中衣上，以后在清代女子旗服、男子马褂上开始应用。到了民国时期，立领成为男子长袍马褂、女子旗袍的标配，这些男女服装所选用的领型基本上都是立领造型。同时，立领在民国时期经过不断变化，领型高度时高时低，其中最经典的领型为"元宝"形立领，领型高度竟达10cm不止。以后领型高度变化不断，但最后被大众广泛认可的领型高度为4～5cm，因其大量应用在旗袍上，被称为"旗袍领"，以后"旗袍领"又广泛应用在男女中式服装上。此时，前端带有小圆弧的"旗袍领"便成为中式服装领型的标准模板，后被直接命名为"中式立领"。"中式立领"明显区别于同时期流行的"西式立领"（一种以日本学生装为代表的长窄条、领子前端斜方角的立领），"中式立领"的确立对中国传统服装的版型设计意义重大，从此之后中国服装有了自己特色的领型。因此，"新唐装"选用中式立领，具有非常浓厚的中国传统服装特征。

2. 盘扣

古人最初"宽衣博带"全靠系绳打结束衣。盘扣的雏形出现在唐代，之后明代使用，清代普及，清末民国盘扣的使用达到高峰。盘扣是中国传统服装中的一大特色工艺，在服装中常常起到画龙点睛般的作用。盘扣实用功能和美观功能兼具，其制作全部需要手工完成。盘扣既有简洁大方的一字形直扣，也有各种复杂形状的花扣。盘扣是中国传统服装固有的特色，是区别于西式服装的一个重要标志。新唐装选用了布料制作盘扣作为衣襟连接，很好地体现了中国传统服装中的第二个特征要素。

3. 对襟

明代以前的中国传统服装衣襟形式称"衽"，且多为右衽，辽金元时期服装曾出现左衽。对襟形式最先较多地出现在明代，为直领对襟，多运用在女子服装之中，如背子和比甲等。对襟形式真正的大量使用在清代，如龙褂、吉服褂、补服、行褂和马褂等。这些服装的衣襟形式全部采用了对襟，尤其是男子服装的衣襟，绝大多数采用了对襟形式。民国时期，对襟马褂成为国民政府认定的男子代表常服，受到各阶层人士的喜好。对襟既可以匹配圆领（无领），也可以匹配立领。另外，从人体工效学的角度来分析，对襟盘扣竖排缝钉，系扣动作为胸前操作，左右双手同时出手，系扣时更容易配合操作、快速方便。因此，新唐装选用了对襟作为衣襟形式，恰如其分地体现了中国传统服装的又一重要特征要素。

"新唐装"选用的面料多以靓丽的中国传统丝绸为主，柔和光滑的丝绸面料以各种色彩斑斓的花纹图案使人们视觉感知快速进入雍容华贵、欢乐喜庆的场景。新唐装选用丝绸面料为主，这也是一个能代表中国传统服饰文化的特征。

新唐装拥有立领、盘扣和对襟这三个最能反映和代表中国传统服装款式造型的特征要素，成为有别于其他任何服装的明显标识。让人一看见某一件服装上具有这些特征要素，立刻会产生这就是新唐装（唐装）的视觉认知。至于其他款式部位或细节异样无关紧要，如立领是高还是低，袖子是装袖还是连袖，盘扣数量是五对还是七对，盘扣是直扣还是花扣，袖口是翻袖口还是平袖口等，以及面料采用棉、麻、毛、混纺等。只要拥有立领、盘扣和对襟这三个最重要的代表特征，或者只拥有其中前两条代表特征，就会被认定是新唐装，简称"唐装"（图2.22）。

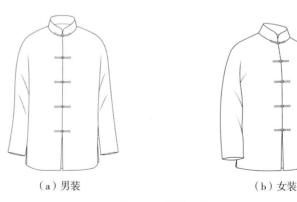

（a）男装　　　　　　　　　　（b）女装

图2.22　连袖唐装

综上所述，新唐装（唐装）具备的立领、盘扣、对襟和丝绸面料这些特征要素，再加上衣片不开刀、不打褶的结构制版特征。这些特征与世界上其他国家或民族代表服装相比，独树一帜，具有唯一性。多年以来，海外华人首先将唐装作为现代中华民族传统代表服装之一，已经成为许多人的共识。

第二节
新唐装衣料

中国传统服装衣料一般采用棉、毛、麻、丝等天然纤维为主，并以丝绸作为首选。天然纤维主要是指棉花、羊毛、蚕丝、麻类等动植物纤维，用棉、毛、丝、麻等纤维织成的面料各有其优缺点。比如：棉织物透气性、吸湿性俱佳，穿着舒适，但面料容易起皱，保型性不够好；毛织物外观、保暖性、弹性都比较好，但不宜直接接触皮肤；麻织物虽然透气、吸湿，穿着也较凉爽，但纤维粗糙，光泽不漂亮；丝织物质地柔软细密，光泽自然靓丽，穿着滑爽舒适，但易起皱，打理不够方便。如何取长补短，设计出较为满意的新唐装衣料，这也是新唐装设计制作过程中需要解决的一个重要课题。

一、丝绸面料特征

新唐装选用了丝绸织锦缎作为主面料，一种喜庆祥和、高贵富丽之感觉扑面而来。高档丝绸面料的光泽、手感、品质和舒适性是其他材质面料所不能替代和比拟的。因此，制作高档新唐装（唐装）的丝绸面料必须符合以下几个特征。

1. 柔和的光泽

桑蚕丝纤维光泽靓丽柔和、自然，既没有人造纤维的耀眼，又比棉花、羊毛、麻类等纤维华丽。桑蚕丝纤维的光泽在众多纤维中独树一帜，给人以舒适的视觉感受。无论是采用色织还是白织工艺织成的丝绸面料，其独特自然的风格始终保持不变，其品位在众多面料之前列。

桑蚕丝纤维独特的光泽主要是由桑蚕丝纤维截面形状所决定。桑蚕丝的丝线形成过程也就是桑蚕吐丝的过程，其纤维的截面呈不规则的多面体，当光线照射在纤维多面体上时，就形成了光学中的漫反射，这就使原本光亮的蚕丝变得光泽柔和。同时，桑蚕在吐丝的过程中，吐出丝的粗细程度也有微小的变化，形成一种自然的粗细过渡。这样就使得丝线的光泽也会随着粗细的变化而变化，从而产生非常自然美丽的效果。以往在开发人造纤维时，也有仿造桑蚕丝纤维的截面结构，但是由于天然纤维中微小的自然变化是人工无法模拟仿制的。因此，桑蚕丝纤维天生具有的别具一格的光泽特性在众多纤维中独占鳌头。尤其是经过染色后的桑蚕丝纤维色彩更纯正、鲜艳、高贵，一直以来享有纤维皇后的美誉。

2. 良好的品质

桑蚕丝纤维除了具有华丽的外表外，其内在品质也非常优良。桑蚕丝纤维是由桑蚕吐丝结茧，蚕茧经过缫丝等多道工艺加工而成的。一根能上机织造的丝线需要由多个蚕茧集结，因此桑蚕丝纤维具有很好的强力，即使是薄如蝉翼的绡纱类面料，其强度也能达到制作服装的要求。桑蚕丝的耐热性也较好，在120℃的条件下，其外表和内在质量均无变化；到了170℃的条件下，强力开始逐步下降，若加热到235℃时则会被烧焦，并伴有与毛发、羊毛等蛋白纤维类似的气味。另外，从蚕丝的属性来看，它的分子结构属于蛋白质纤维，由丝素和丝胶组成，并含有多种人体所需要的氨基酸。桑蚕丝的蛋白质属性使得桑蚕丝织物在接触人体肌肤时，不会产生排异感觉，而是给人一种糯润滑爽、柔软而富有弹性的体验。因此，桑蚕丝织物一直以来都是制作春夏服装最理想的面料之一。同时由于桑蚕丝纤维是一种多孔物质，又是热的不良导体，用桑蚕丝纤维制作的服装，保温性能也相当好。

3. 舒适的穿着

服装的舒适性可以由两个指标得到验证，一是视觉，二是触觉。视觉是指人们的视力所能感受的效果；触觉主要是指人体肌肤接触面料后的舒适程度。

桑蚕丝面料的视觉舒适性，在人们的目测视觉中能得到很好的反应。首先是它的光泽、色彩能给人的视觉以自然柔和的感受，既能达到光彩夺目的效果，又不会感觉刺目耀眼，与其他纤维对比，其视觉指标始终是名列前茅的。

桑蚕丝面料的触觉舒适性，与面料本身的透气透湿性有直接的关系。面料透气透湿性的优劣程度关系到穿衣人对服装的感受。透湿性一般用回潮率表示，回潮率是指纤维在标准的温湿度条件（室温20℃、湿度60%）下自然吸收水分的能力。人体对面料回潮率的感觉并不是越高或越低越好。如果纤维的回潮率过低，就表示用该纤维织成的面料吸湿排湿的能力较差，不能很好地将人体皮肤表面的水分（如汗水等）传递出去，会使人有闷热、不透气的感觉，如涤纶纤维的回潮率为零，所以人们普遍感觉涤纶服装在夏天穿着时会有不舒适的感觉。回潮率过高的面料，会把空气中的水分吸附到面料上去，在湿度较高的环境中面料有潮湿感，过多的水分同样也会带来不舒适的感觉。桑蚕丝纤维的回潮率为11%，这个数值比较符合人体皮肤所需要维持的湿度指数。当天气闷热，人体多汗，肌肤湿度较高时，桑蚕丝面料会把肌肤表面多余的水分进行吸收后再传递到空气中去，使穿着的人感觉舒适。这也就是选用桑蚕丝纤维制成的服装，不管是直接还是间接接触皮肤，其触觉都有非常舒适之感觉，这也是桑蚕丝面料受到人们青睐的主要原因。

二、典型丝绸面料

丝绸面料种类齐全、品种繁多，既有厚重结实的锦类织物，也有轻薄透明的绡类织物，还有毛感耸立的绒类织物等。这些丝绸织物风格各具特色，用途十分广泛。

典型的丝绸面料可以分为厚重结实的外衣面料和紧密滑爽的衬衣裙装面料。适合制作外套的面料一般要求具有一定的厚实感，通常用纯桑蚕丝织物或桑蚕丝与其他长丝纤维交织成的织锦类面料，近年来，随着人们生活水平的提高，大多选用全桑蚕丝色织提花工艺的产品，面料重量一般在25～35姆米，适合多种服装款式，外观华丽、穿着舒适。

适合制作衬衣裙装类的面料质地相对比较柔软，可以选用全桑蚕丝织物或其他长丝织物。另外，涤纶仿真丝面料经过多年的开发和研究，在外观、形态和服用性能上均有很大程度的提高，其接近真丝的手感和优于真丝面料的易打理的特性深受消费者喜爱。

产品规格中涉及的部分专业术语介绍如下：

旦尼尔（D） 长丝纤度单位指单位长度（9 000m）的纤维在公定回潮率的环境中的重量克数（定长制）。如果9 000m长的丝线的重量为1克，就是1个旦尼尔。"D"的数值越大表示丝线越粗，数值越小则丝线越细	**经线** 纵向的丝线
	纬线 横向的丝线
	捻度（T） 指每厘米丝线的回转次数，用"T/cm"表示
	捻向 丝线加捻的方向，通常用"S"或"Z"表示。S向表示丝线下端向右旋转；Z向表示丝线下端向左旋转
公支（N） 羊毛纱、麻纱等短纤维的纤度单位。在公定回潮率的环境中1 000g长的纱线重量为1g，就是1公支（1N），如果纱线重量1 000g，长度为1 000m的n倍，则为n支。数值越大，纱线越细，反之则粗	**经密** 每厘米的经线根数，用"根/cm"表示
	纬密 每厘米的纬线根数，用"梭/cm"表示
英支（S） 棉纱等短纤维的纤度单位。在公定回潮率的环境中重量1磅的纱线长度840码为1英支（1S）。如纱线重1磅，长度是840码的n倍则为n支	**面料重量** 每平方米织物的重量克数，用："g/m²"表示
	真丝面料重量的表示方法通常用姆米"m/m"表示，1姆米=4.305 6g/m²

1. 织锦类织物

织锦类织物的经纬线均采用长丝纤维，上机织造前，先将经纬线进行脱胶和染色，织成织物后一般不再进行后整理（特殊要求除外）。其织物的结构特点是一组或一组以上的经线与两组或两组以上的纬线交织，正面底纹采用经线覆盖的缎纹或斜纹的经面组织。由于采用多组纬线，所以面料的组织结构为纬重组织。花纹的色彩由纬线颜色的多少决定，可以是一色或多色。织锦类织物光洁、精致，纬线组成的图案轮廓清晰，色彩丰富，质地丰满。织锦类织物是我国丝绸面料中出类拔萃的经典产品之一，是制作传统服装的上乘衣料，其比较典型的面料品种如下。

（1）APEC 团花织锦缎

织锦缎具有众多的优点，因此 2001 年上海 APEC 会议的新唐装选用织锦缎作为主面料。但织锦缎同样存在容易起皱的缺陷，为了解决这一难题，设计团队采取了以下几个技术处理方法。第一，不采用 100% 的桑蚕丝；第二，采用 25% 桑蚕丝与 75% 铜氨丝交织；第三，对两种丝线进行加捻；第四，织物织成后整理进行防缩抗皱处理等。经过反复实验，最终基本上解决面料起皱的缺陷，使新唐装外观平整度得到进一步体现。

织物特征：地纹细密，花纹精致。其中，纬线采用 120D/70F 铜氨丝，使得花纹的光泽比采用其他人造丝织成的织锦缎更加高雅，给人以一种清新脱俗的感觉。面料图案是由四朵牡丹花和 APEC 变体字母组成的团花（图 2.23）。

图 2.23　APEG 团花设计样稿

产品规格

经线	（1/20/22D 桑蚕丝 8T/Sx2）6T/Z 熟色	花纹组织	乙纬纬花
纬线	甲：1/120D/70F 铜氨丝色 乙：1/120D/70F 铜氨丝色 丙：1/120D/70F 铜氨丝色	产品门幅	75cm
		经密	129 根 /cm
		纬密	112 梭 /cm
纬线排列	甲1乙1丙1	面料重量	210g/m²
织物结构	纬三重	原料成分	桑蚕丝 25%，铜氨丝 75%
地纹组织	八枚经缎纹		

APEC 团花有三种颜色，分别是金色、黑色和红色团花（图 2.24）。

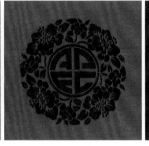

（a）金色团花　　　　　　　（b）黑色团花　　　　　　　（c）红色团花

图 2.24　APEC 团花三种颜色

　　APEC 织锦缎的经线和纬线的染色均采用环保染料与助剂，织物织成后经过防缩抗皱整理，使织物具有较好的防缩抗皱功能。APEC 织锦缎特供 2001 年 APEC 领导人的"新唐装"制作，共有六种选用颜色，两种备用颜色，限量定制，绝版生产（图 2.25 和图 2.26）。

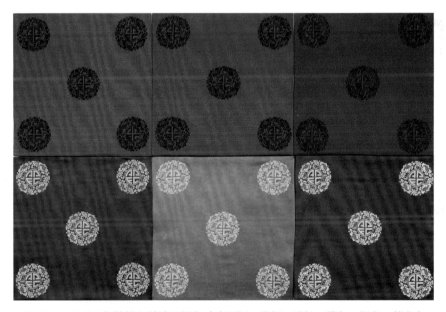

图 2.25　APEG 织锦缎六种选用颜色（中国红、绛红、暗红、蓝色、绿色、棕色）

图 2.26　APEG 织锦缎两种备用颜色（酒红、黑色）

（2）62035 织锦缎

62035 织锦缎是最典型的织锦缎品类，其特征是织物正面缎纹由真丝覆盖，其结构形式使面料具有手感糯滑、精致高贵。产品是由一组经线和三组纬线交织而成，也可以采用抛道工艺（"抛道"又称"换道"，是指其中一组纬线采用多种颜色根据花纹特点轮流织入），使面料表面具有更加丰富的色彩。

产品规格

经线	（1/20/22D 桑蚕丝 8T/Sx2） 6T/Z 熟色	花纹组织	甲、乙、丙纬纬花
		产品门幅	77cm
纬线	甲：1/150D 有光粘胶丝色	经密	128 根 /cm
	乙：1/150D 有光粘胶丝色		
	丙：1/150D 有光粘胶丝色	纬密	102 梭 /cm
纬线排列	甲1乙1丙1	面料重量	223g/m^2
织物结构	纬三重	原料成分	桑蚕丝 22%，粘胶丝 78%
地纹组织	八枚经缎纹		

62035 织锦缎纹样数量繁多，既有表示吉祥如意的福禄寿喜和花卉、动物的团花纹样（图 2.27），也有以梅兰竹菊为主题的传统纹样（图 2.28），还有各种风格迂回的满地花纹样（图 2.29 ～图 2.31），织物下机后一般不再进行后整理。

图 2.27 "五蝠捧寿"团花设计样稿

图 2.28　红地菊花织锦缎　　　　　　　　图 2.29　蓝地花卉织锦缎

图 2.30　红地花卉织锦缎　　　　　　　　图 2.31　绿地花卉织锦缎

（3）其他传统锦类织物

古香缎

古香缎属于织锦缎系列品种之一，古香缎与织锦缎的区别就是组成地纹的结构不同。织锦缎的地纹是由一组纬线与一组经线交织，其余两组纬线作为背衬，俗称一梭地上纹。古香缎的地纹是由一组经线与两组纬线交织，一组纬线作为背衬，俗称组合地上纹。因此，古香缎的地纹是纬二重结构，花纹是纬三重结构。与织锦缎相比纬线密度较低，面料质地较轻。由于纬密比较稀疏，所以古香缎的花纹题材多为风景，以亭、台、楼、阁等小块面花纹居多，其色彩淳朴、古色古香（图 2.32 ～图 2.37）。

图 2.32　风景古香缎
（儿童嬉戏）

图 2.33　风景古香缎
（动物楼阁）

图 2.34　风景古香缎
（飞禽楼阁）

图 2.35　风景古香缎
（凤凰楼阁）

图 2.36　风景古香缎
（凤鸣鹤唳）

图 2.37　风景古香缎
（群猴朝凤）

中华新唐装

2. 色织缎类织物

色织缎类织物中典型产品为金雕缎。

金雕缎为经二重色织提花缎类织物，由两组经线和一组纬线交织而成，花纹具有浮雕立体感；织纹凹凸饱满，质地丰厚且富有弹性。

产品规格

经线	甲：(1/60D 有光粘胶丝 8T/SX2) 6T/Z 色 乙：(2/20D 锦纶 8T/SX2) 6T/Z 色	纬密	23 梭 /cm
		面料重量	230g/m²
纬线	2/120D 有光粘胶丝 4T 色	原料成分	粘胶丝 80%，锦纶 20%
经密	110 根 /cm		

金雕缎采用高花组织，纹样以抽象图案为主，造型简练、粗犷（图 2.38 ~图 2.40）。

图 2.38　金雕缎　　　　　图 2.39　金雕缎　　　　　图 2.40　金雕缎
（抽象纹样之一）　　　　（抽象纹样之二）　　　　（抽象纹样之三）

色织缎类织物中除了金雕缎以外，还有花累缎、克利缎等，多为色织真丝缎和色织交织缎，其纹样以圆形图案为主（图 2.41 ~图 2.43）。

 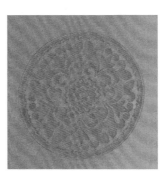 

图 2.41　花累缎　　　　　图 2.42　花累缎　　　　　图 2.43　克利缎
（色织真丝缎之一）　　　（色织真丝缎之二）　　　（色织交织缎）

3. 桑蚕丝（或锦纶）/ 粘胶交织织物

桑蚕丝（或锦纶丝）和有光粘胶丝交织的半色织提花产品，其特征为桑蚕丝（或锦纶丝）覆盖的缎面，光泽柔和，平挺厚实。由于桑蚕丝（或锦纶丝）与粘胶丝对部分染料的上色性能不同，产品不用事先染色。白织后分别用适合经线和纬线上色的染料染色，可以使面料呈现色织的效果，特别适用于锦纶丝和粘胶丝交织的产品，其原料成本大大低于桑蚕丝，产品物美价廉，受到人们欢迎。

产品规格

经线	1/20/22D 桑蚕丝	经密	116 根 /cm
纬线	1/120D 有光粘胶丝	纬密	45 梭 /cm
地纹组织	八枚经缎纹	面料重量	130g/m²
花纹组织	纬花		

织物属于半色织产品，在织造之前已先将纬线染色，织物下机后再将锦纶染色，所以颜色的选择空间较大（图 2.44 和图 2.45）。

图 2.44　绿地金花半色织缎　　　　图 2.45　红地金花半色织缎

4. 绒类织物

绒类织物采用的丝织物经线起绒方式，面料地部原料可以用桑蚕丝、粘胶丝、锦纶、涤纶等长丝，经过加捻工艺后可以增加面料的悬垂性和透明度，绒毛一般采用粘胶长丝，织物下机后经过割绒、剪毛、染色、印花或烂花整理，最终的成品面料富丽而雍容华贵。

（1）乔绒

乔绒是桑蚕丝和粘胶丝交织的双层起绒的绒类织物。经线分地经和绒经，地经和纬线交织形成上下两层的绒织物的地部，绒经在织造过程中穿梭于上层和下层的面料中，形成绒织物的绒毛，下机后进行割绒，使上下两层分开，形成丝绒的坯布。乔绒的地经和纬线均采用强捻桑蚕丝，使面料强度增强且具有较好的悬垂性，绒经采用有光粘胶丝。

产品规格

经线	地经：2/20/22D 桑蚕丝 24T/cm 单层 1S1Z	纬密	45 梭 /cm
绒经	120D 有光粘胶丝机浆	面料重量	249g/m²
产品门幅	114cm	原料含量	桑蚕丝 18%，粘胶丝 82%
经密	42.5 根 /cm		

织物经过割绒、剪绒、立绒整理后可以进行染色、印花、烂花等工艺，最后得到不同风格的乔绒产品。

（2）光明绒

光明绒是真丝提花绒类织物。产品由桑蚕丝、金银丝、粘胶丝交织而成。光明绒地部质地轻薄，类似透明轻薄的乔其纱，绒毛由粘胶丝和金银丝组成。光明绒的绒毛浓密、耸立，在提花花纹的周围有金银线镶边。此织物绒毛丰满而富有立体感，具有高贵而华丽的独特风格。

产品规格

经线	甲：3/20/22D 桑蚕丝 20T/cm 乙：1/150D 有光粘胶丝机浆 丙：1/81/87D 不氧化金银丝 边：2/45S 涤棉纱 4T/cm	经密	地：31.4 根 /cm
		纬密	36 梭 /cm
纬线	3/20/22D 桑蚕丝 20T/cm		

丝绒产品下机后进行割绒、拉绒经、剪毛、染色整理，还可以根据需要手绘或进行倒绒处理，形成不同的产品风格。

5. 绉缎类织物

绉缎类织物一面光洁、亮丽，另外一面表面有细小的皱纹从而使之光泽柔和。形成这种皱纹的效果是因为纬线采用了加强捻的工艺。绉缎类织物不仅有一定的弹性、回复性能好，而且加大了织物的摩擦系数，与人体皮肤接触舒服，服用性能比较好。其代表产品如下：

（1）APEC 提花缎

APEC 提花缎质地紧密，手感弹性好，纹样设计颇具特色。在织物的底部有代表吉祥如意的云纹，在云纹中穿插万、寿、无、疆等艺术字体，再将 APEC 字母组成的团花镶嵌其中，各种不同寓意的图案组合自然流畅（图 2.46 和图 2.47）。

产品规格

经线	2/20/22D 桑蚕丝	纬密	52 梭 /cm
纬线	4/20/22 桑蚕丝 16T/cm 2S2Z	面料重量	20m/m
经密	114 根 /cm	原料含量	100% 桑蚕丝

织物下机后经过精炼、蒸汽防缩整理后面料柔软飘逸，花纹立体感强。APEC 提花缎特供 2001 年 APEC 领导人新唐装内穿衬衫制作，限量定制，绝版生产。

图 2.46　APEC 提花缎图案设计样稿

图 2.47　APEC 提花缎

（2）素绉缎

素绉缎的种类很多，重量一般为 12 ~ 22 姆米，最高达 30 姆米。作为服装面料的素绉缎重量一般在 16 姆米以上比较合适。素绉缎染色、印花、手绘、扎染等后整理工艺效果俱佳。使用时可以根据个人喜好将光亮的经缎面用作正面，以体现丝绸的亮丽，也可以将柔和的绉面用作正面体现丝绸的稳重高贵。典型的 14101 素绉缎产品规格如下：

产品规格

经线	2/20/22D 桑蚕丝	纬密	49 梭 /cm
纬线	3/20/22D 桑蚕丝 26T/cm 2S2Z	面料重量	19m/m
经密	130 根 /cm	面料门幅	115cm

面料下机后经过精炼脱胶后可以染色或印花。

三、辅料选用

新唐装里料的选用，从服装的使用性能的角度出发，要求滑爽、紧密、对肌肤的亲和性好。滑爽是为了穿着方便，特别是由于女装比较合体紧身，如果里料没有滑爽的感觉，就可能会带来穿着的不方便。另外，作为服装的里料，其主要的接触对象是内衣。内衣的纤维大多是棉、桑蚕丝等。所以，对于里料纤维的要求，一般以光洁的长丝为主，且以桑蚕丝、粘胶丝等纤维素比较合适。轻薄型外套的里料以平纹为主，因为平纹组织滑移系数较小，缝纫强力较高。厚重型外套的里料可选用斜纹、缎纹类，这类里料糯滑、重量重，与厚重的外套面料匹配度较高。近年来随着合成纤维纺丝技术的发展，里料材料的选择从桑蚕丝、纤维素纤维逐渐扩大到合成聚酯纤维，这类里料以品种的多样化和低廉的成本迅速占领服装市场。

1. 桑蚕丝纺类织物

这类面料的原料为 100% 桑蚕丝，经纬线均不加捻度，平纹结构。作为服装的里料重量一般在 8 ~ 16 姆米。面料下机后经过精炼脱胶、染色等工艺整理，具有轻、薄、滑的特点。

2. 桑蚕丝缎类织物

这类面料的原料为 100% 桑蚕丝，经纬线均不加捻度，缎纹结构，一面体现光亮、精细的经线效果，另一面体现柔和的纬线效果。作为里料，其一般以柔滑的经面作为正面。面料重量为 12 ~ 16 姆米。但是这类面料滑移系数较大，缝纫强力较差容易造成缝制纰裂，所以合体的服装一般不建议采用此类面料。

3. 桑蚕丝绉缎类织物

这类面料的原料为 100% 桑蚕丝，经线不加捻度，纬线加强捻，缎纹结构，面料一面体现经线效果，光亮、细密、柔滑，另一面体现纬线效果，表面有细小皱纹，手感舒适、弹性、悬垂性好。作为里料，其一般以经面（光亮面）作为正面。比较合适的里料的重量为 14 姆米以上。纬线采用了加强捻的工艺，丝线不易滑移，纰裂风险降低，由于桑蚕丝成本较高，一般用作高档服装的里料。例如：APEC 里料的原料为 100% 桑蚕丝，正反缎纹提花结构。为了体现与新唐装主面料的一致性，采用提花工艺将"APEC CHINA 2001"字样织在里料上。为了使字母内容更加醒目，以柔和的绉面作为地组织，将字母以光亮的缎面显现。因此整块里料主题明确，花纹轮廓清晰。面料重量 17 姆米左右。根据新唐装主面料的颜色分别染成大红色、宝蓝色、豆绿色、咖啡色、酒红色等，色牢度均达到 4 级以上（图 2.48 和图 2.49）。

图 2.48　APEC 里料图案设计样稿　　　图 2.49　红色 APEC 里料

4. 纤维素纤维织物

这类面料以粘胶长丝为主，粘胶长丝纤维成本低廉，质地厚实、滑爽，但是织物的缩水率较难控制。纤维素纤维中的醋酸纤维光泽接近桑蚕丝，织物具有高档次感，但强力较差，机洗后皱印较难消除。

5. 聚酯织物

随着聚酯原料的多样化和后整理工艺及助剂的研发，聚酯织物异军突起。聚酯织物产品的多样化、穿着舒适性和打理的便捷及成本的低廉等优势，深受市场的欢迎和消费者的喜爱。

四、其他新颖面料

近二十多年来，新唐装（唐装）已经被越来越多的人接受和喜爱，具有唐装元素的服装款式如同雨后春笋，比比皆是。人们对面料的服用性、多样化等要求也随之提高，制作唐装的面料不再是以前大部分唐装所采用的提花手段单一的纬花织锦缎之类面料，而是采用多种结构、多种色彩、多种设计技法的新型面料。这类面料不仅色彩丰富、花纹层次感、立体感较强，而且更加耐穿和方便打理和保养。

新颖面料的产生主要得益于人工智能和数字化技术多年来在丝绸行业的广泛应用，使得面料的设计和提花织造技术得到革命性的改变。面料的提花工艺从以前的半手工机械式转化到目前的电子数码化，使面料的提花工艺更加简单，面料的生产过程大大缩短，面料的精细程度得到很大的提高，面料设计师的各种奇思妙想成为可能，从而呈现出各种新颖面料。

适合制作新唐装（唐装）的新颖面料有如下典型的特征。

1. 原料组合

面料的经线基本都是以桑蚕丝为主，经线中也可以使用少量的含丝胶的生桑蚕丝，以增加面料的刚性和平整度。纬线可以是桑蚕丝，也可以用桑蚕丝短纤维（绢丝）。与绢丝交织一方面可以满足款式需要，使面料柔软，最大的好处就是降低面料成本。另一方面，同样重量的面料采用长丝与短纤维交织可以降低成本，从而满足更多消费人群的需要。

2. 产品结构

为了使面料的服用性能更佳，这类面料大多以斜纹结构为主，用斜纹结构织成的面料结构紧实，服装保形性好，耐摩擦系数较大更适合现代人群休闲随意的生活方式，且使用寿命延长。由于现代提花设备应用了数码技术，使面料的结构千变万化已不是难事，所以面料的层次和色彩更加丰富多彩。

3. 花纹循环

以前纯机械式的提花机常规提花纹针大多只有1 440针，经线密度为100根/cm，其经线方向的花纹循环只有14cm，纹样比较呆板和拘谨。采用了电子提花机的纹针数量可以成倍增加，花纹的循环也可以成倍扩大，在这样的条件下面料纹样的设计自由度更大，甚至可以做到整件衣服达到花纹自由，更适合于高级定制服装的制作。

部分新颖面料如图2.50～图2.55所示。

图2.50　桑蚕丝色织提花锦（一）　　　图2.51　桑蚕丝色织提花锦（二）
　　　　　（千里江山图）

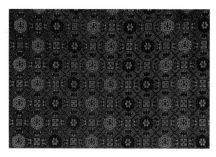 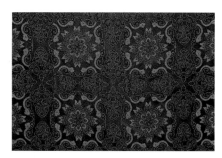

图 2.52 桑蚕丝色织提花锦（三）　　　图 2.53 桑蚕丝色织提花绸（四）

图 2.54 桑蚕丝绢丝提花绸（一）　　　图 2.55 桑蚕丝绢花提花绸（二）

　　除了上述丝绸面料以外，其他一些面料也可以作为新唐装（唐装）的选用面料，如毛呢织物或棉麻织物等。选用毛呢织物制作的新唐装（唐装）主要以采用粗纺原料为主，因为粗纺织物结构较松相对比较柔软。常用的粗纺织物有法兰绒、女衣呢、华夫格、格子呢、厚呢料等。法兰绒采用 14 支的羊毛纱，有平纹组织和斜纹组织，每平方米重量在 400g 左右，原料有全毛和毛粘混纺。织物经染色、缩绒、起绒整理，手感柔软。女衣呢一般采用 62/2 支羊毛纱，选用四季呢组织（绉组织），每平方米重量在 300g 左右，产品外观细腻，手感柔软。华夫格产品选用 60/2 支羊毛纱，蜂巢组织结构，外观立体感强，手感松软，每平方米重量在 420g 左右。此外，棉布中的蓝印花布、蜡染布也都可以作为制作新唐装（唐装）的面料。

第三节
新唐装尺寸

新唐装规格尺寸设计主要是确定服装长度和围度放松量等部位尺寸。一件合身得体的新唐装，规格尺寸设计非常重要。由于服装是历届 APEC 会议中的亮点和悬念，因此每届东道主国家一般不会事先将服装的款式告诉参会国家，显然这次我国也不例外。尤其是此次领导人的服装，在事先没有进行量体的情况下，规格尺寸设计同样是整个服装设计制作过程中的重头戏。再好的款式和精致的做工，若服装规格尺寸设计不符也将前功尽弃。

一、人体测量

服装中的人体测量又称量体，是指测量人体有关部位的长度、围度和宽度。测量后所获得的数据可作为服装制版或进行裁剪时的重要依据。规格尺寸设计是在人体测量的基础上，根据服装款式造型、面辅材料性能质地和缝制工艺等诸多因素，再结合考虑人体的各种穿着要求，诸如人体的基本活动量、内装厚度、季节、年龄、性别、穿着习惯及造型艺术等因素，进行最终的尺寸确定。

（一）测量工具

1. 人体测高仪

由一杆刻度以毫米为单位、垂直安装的尺及一把可以上下移动的尺（水平游标）组成。

2. 软尺

刻度以厘米为单位的硬塑软尺，是测量人体最主要的基本工具。

（二）注意事项

1. 使用软尺

使用软尺测量人体时，要适度地拉紧软尺，但不宜过紧或过松，保持测量时软尺纵直横平。

2. 被测量者

要求被测量者立姿端正，保持自然姿势，不低头、挺胸或弓背等，以免影响测量的准确性。

3. 测量记录	如实做好测量后的数据记录，不记错，不遗漏。特殊体型者除了加量特殊部位尺寸外，还应该特别注明体型特征和要求。

（三）测量部位与方法	人体测量分为男体测量和女体测量，男体测量和女体测量的测量部位、方法和步骤基本相同。相比之下，女体测量要求更高，需要测量的部位也较多。 新唐装测量部位和方法与其他服装基本相同，本节介绍以女体为例，男体测量部位与方法可参照女体测量。
1. 身高	自头顶至地面所量取的垂直距离，如穿鞋则扣除鞋底厚度（图 2.56）。
2. 衣长	衣长测量分前衣长和后衣长，可按需选择。前衣长由颈肩点通过胸部最高点垂直向下量至服装所需长度（图 2.57）；后衣长由后领圈中点向下量至服装所需长度（图 2.58）。

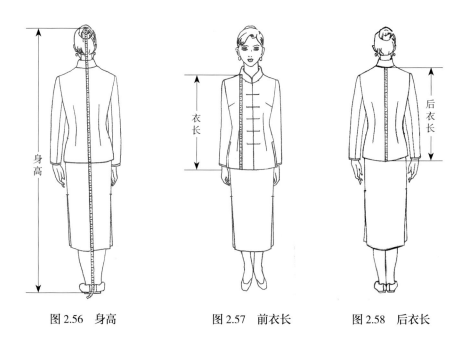

图 2.56　身高　　　　　　　　图 2.57　前衣长　　　　　　　　图 2.58　后衣长

3. 颈围	软尺围绕颈部最细处测量一周（图 2.59）。
4. 胸围	软尺在胸前腋下处水平围绕胸部最丰满处测量一周（图 2.60）。

图 2.59　颈围　　　　　　　　　　图 2.60　胸围

5. 总肩宽　　　　　　　　在后背上部，软尺从左肩骨外端点量至右肩骨外端点（图 2.61）。

6. 袖长　　　　　　　　　软尺从肩骨外端点向下量至所需长度（图 2.62）。

图 2.61　总肩宽　　　　　　　　图 2.62　袖长

7. 胸高　　　　　　　　　软尺由颈肩点量至乳峰点（图 2.63）。

8. 乳距　　　　　　　　　软尺测量两乳峰间的距离（图 2.64）。

9. 腰节高（长）　　　　　前腰节高（长）由颈肩点通过胸部最高点向下量至腰部最细处（图 2.65a）；后腰节高（长）由后领圈中点向下量至腰部最细处（图 2.65b）。

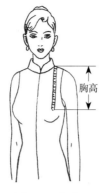

图 2.63 胸高

图 2.64 乳距

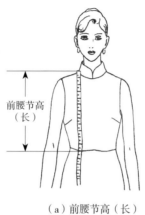

（a）前腰节高（长）

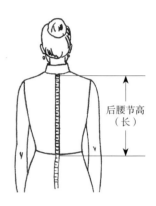

（b）后腰节高（长）

图 2.65 腰节高（长）

10. 裤长

从腰的侧部髋骨处向上 3cm 起，软尺垂直向下量至踝骨下 3cm 或按所需长度（图 2.66）。

11. 裙长

从腰的侧部髋骨处向上 3cm 起，软尺垂直向下量至膝盖至地面 1/2 或按所需长度（图 2.67）。

图 2.66 裤长

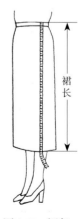

图 2.67 裙长

| 12. 腰围 | 软尺围绕腰部最细处水平测量一周（图 2.68）。 |

| 13. 臀围 | 软尺围绕臀部最丰满处水平测量一周（图 2.69）。 |

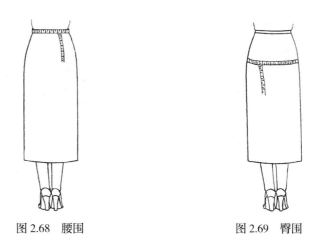

图 2.68　腰围　　　　　　　　　图 2.69　臀围

| 14. 臀高 | 软尺从侧腰部髋骨处量至臀围最丰满处的距离（图 2.70）。 |

| 15. 上裆长 | 软尺在腰的侧部髋骨处向上约 3cm 起量至凳面的距离（图 2.71）。 |

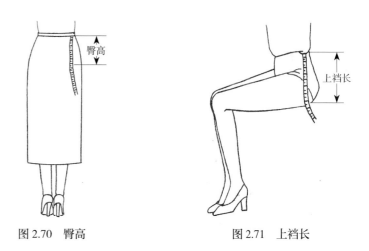

图 2.70　臀高　　　　　　　　　图 2.71　上裆长

二、长度与围度

1. 衣长设计

衣长是服装规格尺寸设计中重要的尺寸之一。针对此次领导人服装的款式要求，同时参考了国家标准 GB/T 1335.1—1997《服装号型》中的有关数据。新唐装衣长设计选择以身高减去 100cm，作为后衣长的基础参数尺寸。

例如：身高185cm，则 185 − 100 = 85（cm），即此人后衣长的基础尺寸为85cm，然后再参考此人所提供的衣长尺寸进行调整。在确定调整数据时，还必须分析此人胸围与肚围之差。

新唐装衣长设计一览详见表2.1。

表 2.1　新唐装衣长设计

单位：cm

款　　式	后衣长	前衣长	袖　　长
新唐装（男装）	（身高 −100）± x	后衣长 +y	肩外端至虎口
新唐装（女装）	（身高 −100）± x	后衣长 +y	肩外端至虎口 −3
男长袖衬衫	新唐装（男装）后衣长 −2	新唐装（男装）前衣长 −2	肩外端至虎口 +2
女短袖衬衫	新唐装（女装）后衣长 −2	新唐装（女装）前衣长 −2	肩外端至肘 2/3 处

注：x 为后衣长调整数据的变量，范围为加 / 减（2 ~ 6cm）。

　　 y 为前衣长调整数据的变量，范围为 2 ~ 7cm，正常体型取2cm，凸肚体为 3 ~ 7cm。

2. 胸围、腹围（下摆）设计

新唐装规格尺寸设计贯彻"男子宽松、女子合体"八字原则，主要体现在围度设计中，即胸围、腹围（下摆）等处。

正常体型在胸围、腹围（下摆）这些属于围度范畴的规格尺寸设计，男子胸围的放松量控制在18cm左右，腹围（下摆）的放松量控制在10cm左右，以保证男子穿着后有足够的伸展余地。女子胸围的放松量控制在10cm左右，腹围（下摆）的放松量控制在8cm左右，以充分展示女子身材曲线形的人体美。

新唐装胸围、腹围（下摆）设计一览详见表2.2。

表 2.2　新唐装胸围、腹围（下摆）放松量

单位：cm

款　　式	胸　　围	腹围（下摆）
新唐装（男装）	16 ~ 20	8 ~ 12
新唐装（女装）	8 ~ 12	6 ~ 10
新唐装男长袖衬衫	14 ~ 18	8 ~ 12
新唐装女短袖衬衫	6 ~ 10	6 ~ 8

3. 领围设计

新唐装的领子款式属于关门领范畴中的立领式样，它是中国传统服装中最经典的中式立领。这次我方为外方准备了外套和衬衫两件服装，这两件服装领子全部都是立领款式。按照设计的意图，外套和衬衫穿好后，衬衫的领子必须在外套领子基础上外露0.5cm左右。

为了达到设计意图，设计出合适的外套和衬衫领围尺寸，领围设计采用以原始领围尺寸为基准参数，先加 3～5cm 放松量为立领衬衫领围尺寸，再加 4～5cm 放松量为新唐装立领领围尺寸。

新唐装领围设计详见表 2.3。

表 2.3　新唐装领围放松量

单位：cm

款式	领围	加放数据测算
新唐装（男装）（内穿有立领衬衫）	8～10	例：紧领围 38（放松量加 9） 测算：紧 +4+5（37/42/47）
新唐装（女装）（内穿有立领衬衫）	6～8	例：紧领围 34（放松量加 7） 测算：紧 +3+4（34/37/41）
男长袖衬衫	3～5	例：紧领围 38（放松量加 4） 测算：紧 +4（37/42）
女短袖衬衫	2～4	例：紧领围 34（放松量加 3） 测算：紧 +3（34/37）

三、样本规格参数

（一）新唐装（男装）样本

1. 新唐装（男装）中间体规格设计思路

① 170/88A 属于男子正常体型，选用 170/88A 作为新唐装（男装）规格尺寸设计中间体样本。规格尺寸设计部位设置：后衣长、领围、胸围、肩宽和袖长等，如遇其他体型则还可增设前衣长、腹围或臀围等部位规格尺寸。

② 衣长不选用前衣长而用后衣长作为长度参数，主要是参照了国家标准《服装号型》（GB/T 1335.1～1335.3—1997）中有关原则和范例。

③ 领围放松量数据公式：

新唐装男长袖衬衫领围 = 紧领围 +4（放松量）。

新唐装（男装）领围 = 新唐装男长袖衬衫领围 +5（放松量）。

例如：某人体测量后的紧领围为 38cm，则此人新唐装男长袖衬衫领围是：38 + 4 = 42cm，新唐装（男装）领围是：42 + 5 = 47cm。

2. 新唐装（男装）中间体规格设计汇总

新唐装（男装）中间体规格设计汇总详见表 2.4。

表 2.4　新唐装（男装）中间体规格设计汇总

单位：cm

号型	前衣长 / 后衣长 *	领围	胸围	肩宽	袖长
5.4 系列 170/88A	75/73	紧 +4+5 38/42/47	紧 +18 88/106	紧 +1 43/44	60
	1/2（第七颈椎点至脚跟） +2.5	放松量 +9	放松量 +18	放松量 +1	肩外端至虎口

* 注：后衣长有两种计算方法：① （身高 −100）±x；② 1/2（第七颈椎点至脚跟）+2.5。

3. 新唐装（男装）规格比例参数 *

（1）前衣片

① 前衣长 75（后衣长 +2）。

② 直开领 9.9（1/5 领围 +0.5）。

③ 前肩斜 5.3（0.5/10 胸围）。

④ 袖窿深 20.6（1/10 胸围 +10）。

⑤ 腰节高 41.5（1/2 前衣长 +4）。

⑥ 门襟上止口劈势 2（直开领处起劈至腰节线并划顺）。

⑦ 横开领 8.6（1/5 领围 −0.5）。

⑧ 前肩宽 21.5（1/2 肩宽 −0.5）。

⑨ 前胸宽 19.9（1.5/10 胸围 +4）。

⑩ 前胸围大 29.5（1/4 胸围 +3）。

⑪ 腰节凹进按胸围大划进 1。

⑫ 下摆大按胸围大划出 2。

⑬ 底边起翘定数 2。

⑭ 门襟下止口劈势 1（最下一对盘扣处起劈至底边）。

⑮ 摆衩长 14。

⑯ 插袋口大 15（插袋下封口间隔摆衩 3）。

⑰ 里襟条宽 4。

⑱ 里襟条下口离底边距离 18.8（1/4 前衣长）。

⑲ 前衣襟最下一对盘扣位置（即第七对盘扣）20.8（1/4 前衣长 +2）。

⑳ 一对盘扣全长 12。

（2）后衣片

① 后衣长 73。

② 后直开领定数 2。

③ 后横开领 8.9（1/5 领围 −0.5）。

④ 后肩斜 4.8（0.5/10 胸围 −0.5）。

⑤ 后肩宽 22（1/2 肩宽）。

⑥ 后背宽 20.9（1.5/10 胸围 +5）。

* 参数数据单位均为厘米（cm）。

⑦ 后胸围大 23.5（1/4 胸围 –3）。

⑧ 后腰围大按后胸围大划进 2。

⑨ 后背缝困势腰节处划进 2、下摆处划进 2。

⑩ 后下摆大按后胸围大划进 1。

（3）袖片

① 袖长 60。

② 袖山深 17.1（1/10 胸围 +6.5）。

③ 后袖山高 5.3（0.5/10 胸围）。

④ 袖标 4.3（1/4 袖山深）。

⑤ 袖肘高 23.1（1/2 下平线至袖标线）。

⑥ 袖肥 20.2（2/10 胸围 –1）。

⑦ 偏袖缝 2.5。

⑧ 袖肘大按袖肥划进 1.5。

⑨ 袖口 15.1（1/2 袖肥 +5）。

（4）领片

① 半领大 23.5（1/2 领围）。

② 领宽 4.5（后领宽）。

③ 前领圆弧（见裁剪制图）。

4. 新唐装（男装）裁剪制图

新唐装（男装）裁剪制图详见第四章第一节新唐装（男装）中有关新唐装（男装）结构制图部分。

（二）新唐装（女装）样本

1. 新唐装（女装）中间体规格设计思路

① 160/84A 属于女子正常体型，选用 160/84A 作为新唐装（女装）规格尺寸设计中间体样本。规格尺寸设计部位设置为前衣长、领围、胸围、肩宽和袖长等处，如遇其他体型则还可增设后衣长、腰围、臀围、胸高、腰节高、袖肥和袖口等部位规格尺寸。

② 领围放松量数据公式：

新唐装女短袖衬衫领围 = 紧领围 +3（放松量）；

新唐装（女装）领围 = 新唐装女短袖衬衫领围 +4（放松量）。

例如：某人体测量后的紧领围为 34cm，则此人新唐装女短袖衬衫领围是：34 + 3 = 37cm，新唐装（女装）领围是：37 + 4 = 41cm。

2. 新唐装（女装）中间体规格设计汇总

新唐装（女装）中间体规格设计汇总详见表 2.5。

表 2.5　新唐装（女装）中间体规格设计汇总

单位：cm

号型	前衣长	领围	胸围	肩宽	袖长
5.4 系列 160/84A	66	紧 +3+4 34/37/41	紧 +10 84/94	紧 +1 39/40	56
	颈肩点至 虎口处	放松量 +7	放松量 +10	放松量 +1	肩外端至虎 口 −3

3. 新唐装（女装）规格比例参数

（1）前衣片

① 前衣长 66。

② 直开领 8.7（1/5 领围 +0.5）。

③ 前肩斜 4.7（0.5/10 胸围）。

④ 袖窿深 17.9（1/10 胸围 +8.5）。

⑤ 腰节高 40（1/2 前衣长 +7）。

⑥ 门襟上止口劈势 1.5（直开领处起劈至胸围线并划顺）。

⑦ 横开领 7.7（1/5 领围 −0.5）。

⑧ 前肩宽 19.5（1/2 肩宽 −0.5）。

⑨ 前胸宽 16.1（1.5/10 胸围 +2）。

⑩ 前胸围大 24.5（1/4 胸围 +1）。

⑪ 腰节凹进按胸围大划进 2。

⑫ 下摆大按胸围大划出 1.5。

⑬ 底边起翘定数 1。

⑭ 摆衩长 12。

⑮ 插袋口大 14（插袋下封口间隔摆衩 3）。

⑯ 里襟条宽 3.5。

⑰ 里襟条下口离底边距离 17.5（1/4 前衣长 +1）。

⑱ 前衣襟最下一对盘扣位置（即第六对盘扣）19.5（1/4 前衣长 +3）。

⑲ 一对盘扣全长 10。

（2）后衣片

① 后衣长 63.5（前衣长 −2.5）。

② 后直开领定数 2.5。

③ 后横开领 7.2（1/5 领围 −1）。

④ 后肩斜 3.7（0.5/10 胸围 −1）。

⑤ 后肩宽 20（1/2 肩宽）。

⑥ 后背宽 17.1（1.5/10 胸围 +3）。

⑦ 后胸围大 22.5（1/4 胸围 −1）。

⑧ 后腰围大按后胸围大划进 1.5。

⑨ 后背缝困势腰节处划进 2、下摆处划进 2。

⑩ 后下摆大按后胸围大划出 1。

⑪ 后侧缝底边起翘定数 0.5。

（3）袖片

① 袖长 56。

② 袖山深 15.9（1/10 胸围 +6.5）。

③ 后袖山高 4.7（0.5/10 胸围）。

④ 袖标 3.98（1/4 袖山深）。

⑤ 袖肘高 22.1（1/2 下平线至袖标线）。

⑥ 袖肥 17.8（2/10 胸围 –1）。

⑦ 偏袖前袖缝 3，后袖缝 2.5。

⑧ 袖肘大按袖肥划进 1.5。

⑨ 袖口 12.9（1/2 袖肥 +4）。

（4）领片

① 半领大 20.5（1/2 领围）。

② 领宽 4.2（后领宽）。

③ 前领圆弧（见裁剪制图）。

4. 新唐装（女装）裁剪制图

新唐装（女装）裁剪制图详见第四章第二节新唐装（女装）中有关新唐装（女装）结构制图部分。

（三）男长袖衬衫样本

1. 男长袖衬衫中间体规格设计汇总

新唐装内穿男长袖衬衫中间体规格设计汇总详见表 2.6。

表 2.6　男长袖衬衫中间体规格设计汇总

单位：cm

号型	前衣长	领围	胸围	肩宽	袖长
5.4 系列	73	紧 +4 38/42	紧 +16 88/104	紧 +2 43/45	62
170/88A	1/2（第七颈椎点至脚跟）+0.5	放松量 +4	放松量 +16	放松量 +2	肩外端至虎口 +1

2. 男长袖衬衫规格比例参数

（1）前衣片

① 前衣长 73（后衣长 +2）。

② 直开领 8.4（1/5 领围）。

③ 横开领 7.4（1/5 领围 –1）。

④ 前肩斜 5.2（0.5/10 胸围）。

⑤ 腰节高 41.5（1/2 前衣长 +5）。

⑥ 前肩宽 22（1/2 肩宽 –0.5）。

⑦ 袖窿深 22.6（1.5/10 胸围 +7）。

⑧ 前胸宽 20.1（1.5/10 胸围 +4.5）。

⑨ 前胸围大 25（1/4 胸围 –1）。

⑩ 胸袋高低位置胸围线向上 3。

⑪ 袋口大 12。

⑫ 袋口深 14（袋口大 +2）。

⑬ 腰节凹进按胸围划进 1。

⑭ 下摆大按胸围划出 1.5。

⑮ 底边起翘定数 1.5。

⑯ 里襟条宽 4。

⑰ 里襟条离底边距离 18.3（1/4 前衣长）。

⑱ 前衣襟最下一对盘扣位置（即第九对盘扣）20.3（1/4 前衣长 +2）。

⑲ 一对盘扣全长 11。

（2）后衣片

① 后衣长 73（前衣长 –2）。

② 后直开领定数 2。

③ 后横开领 7.4（1/2 领围 –1）。

④ 后肩宽 22.5（1/2 肩宽）。

⑤ 后背宽 22.1（1.5/10 胸围 +5.5）。

⑥ 后胸围大 27（1/4 胸围 +1）。

⑦ 后片肩斜 4.2（0.5/10 胸围 –1）。

⑧ 过肩宽定数 11。

⑨ 后底边起翘定数 1.5。

（3）袖片

① 袖长 52（袖长 – 袖克夫宽 10）。

② 袖山深 8.4（1/10 胸围 –2）。

③ 半袖围大 20.8（2/10 胸围）。

④ 袖克夫大定数 23。

⑤ 袖克夫宽定数 10。

⑥ 袖衩长定数 11。

⑦ 袖口裥大定数 2。

（4）领片

① 半领大 21（1/2 领围）。

② 领宽 4.5（后领宽）。

③ 前领圆弧（见裁剪制图）。

3. 男长袖衬衫裁剪制图　　新唐装内穿男长袖衬衫裁剪制图详见第四章第三节男长袖衬衫中有关男长袖衬衫结构制图部分。

（四）女短袖衬衫样本

1. 女短袖衬衫中间体规格设计汇总　　新唐装内穿女短袖衬衫中间体规格设计汇总详见表 2.7。

表 2.7　女短袖衬衫中间体规格设计汇总

单位：cm

号型	前衣长	领围	胸围	肩宽	袖长
5.4 系列	64	紧 +3 34/37	紧 +8 84/92	紧 +1 38/39	20
160/84A	颈肩点至虎口向上 2	放松量 +3	放松量 +8	放松量 +1	肩外端至肘 2/3 处

2. 女短袖衬衫规格比例参数

（1）前衣片

① 前衣长 64。

② 直开领 7.4（1/5 领围）。

③ 前肩斜 4.6（0.5/10 胸围）。

④ 袖窿深 17.7（1/10 胸围 +8.5）。

⑤ 腰节高 39（1/2 前衣长 +7）。

⑥ 门襟上止口劈势 1（直开领处起劈至胸围线并划顺）。

⑦ 横开领 6.9（1/5 领围 –0.5）。

⑧ 前肩宽 19（1/2 总肩宽 –0.5）。

⑨ 前胸宽 16.8（1.5/10 胸围 +3）。

⑩ 前胸围大 24（1/4 胸围 +1）。

⑪ 腰节凹进按胸围大划进 2。

⑫ 下摆大按胸围大划出 1.5。

⑬ 底边起翘定数 1。

⑭ 摆衩长 11。

⑮ 里襟条宽 3.5。

⑯ 里襟条离底边距离 17（1/4 前衣长 +1）。

⑰ 前衣襟最下一对盘扣位置（即第五对盘扣）19（1/4 前衣长 +3）。

⑱ 一对盘扣全长 9。

（2）后衣片

① 后衣长 61.7（前衣长 –2.3）。

② 后直开领定数 2.3。

③ 后横开领 6.4（1/5 领围 –1）。

④ 后肩斜 3.6（0.5/10 胸围 –1）。

⑤ 后肩宽 19.5（1/2 总肩宽）。

⑥ 后背宽 17.8（1.5/10 胸围 +4）。

⑦ 后胸围大 22（1/4 胸围 –1）。

⑧ 后腰围大按后胸围大划进 1.5。

⑨ 后下摆大按后胸围大划出 1。

⑩ 后底边起翘定数 0.5。

（3）袖片

① 袖长 20。

② 袖山深 15.7（1/10 胸围 +6.5）。

③ 半袖围大 18.4（2/10 胸围）。

④ 袖口大 16.4（2/10 胸围 –2）。

（4）领片

① 半领大 18.5（1/2 领围）。

② 领宽 4.0（后领宽）。

③ 前领圆弧（见裁剪制图）。

3. 女短袖衬衫裁剪制图　　新唐装内穿女短袖衬衫裁剪制图详见第四章第四节女短袖衬衫中有关女短袖衬衫结构制图部分。

四、号型系列

新唐装号型规格系列设计主要参照了国家标准《服装号型》（GB/T 1335.1 ~ 1335.3—1997）中有关原则与要求。

新唐装号型规格系列设计以5.4号型为基础，以中间标准体男子为身高170cm、胸围88cm、腰围76cm和女子为身高160cm、胸围84cm、腰围68cm为中心，向两边依次递增或递减。同时根据新唐装款式和人体体型等因素加放松量，确定了新唐装成衣与衬衫号型规格尺寸系列。

新唐装成衣与衬衫号型规格设计涉及的主要部位有前衣长、后衣长、胸围、领围、臀围、肩宽和袖长等。

（一）新唐装成衣号型规格系列

1. 新唐装（男装）成衣号型规格系列

5.4号型新唐装（男装）成衣规格系列详见表2.8。

表 2.8　新唐装（男装）成衣号型规格系列

单位：cm

部位	155	160	165	170	175	180	185	跳档
	76	80	84	88	92	96	100	系数
后衣长	67	69	71	73	75	77	79	2
领围	44	45	46	47	48	49	50	1
胸围	94	98	102	106	110	114	118	4
肩宽	43	44	45	46	47	48	49	1
袖长	55.5	57	58.5	60	61.5	63	64.5	1.5

2. 新唐装（女装）成衣号型规格系列

5.4号型新唐装（女装）成衣规格系列详见表2.9。

表 2.9　新唐装（女装）成衣号型规格系列

单位：cm

部位	145	150	155	160	165	170	175	跳档
	72	76	80	84	88	92	96	系数
前衣长	60	62	64	66	68	70	72	2
领围	38.6	39.4	40.2	41	41.8	42	42.8	0.8
胸围	82	86	90	94	98	102	106	4
肩宽	37	38	39	40	41	42	43	1
袖长	51.5	53	54.5	56	57.5	59	60.5	1.5

（二）新唐装衬衫号型规格系列

1. 男长袖衬衫号型规格系列

5.4 号型新唐装内穿男长袖衬衫规格系列详见表 2.10。

表 2.10 男长袖衬衫号型规格系列

单位：cm

| 部位 | 155 | 160 | 165 | 170 | 175 | 180 | 185 | 跳档 |
	76	80	84	88	92	96	100	系数
后衣长	65	67	69	71	73	75	77	2
领围	39	40	41	42	43	44	45	1
胸围	92	96	100	104	108	112	116	4
肩宽	42	43	44	45	46	47	48	1
袖长	57.5	59	60.5	62	63.5	65	66.5	1.5

2. 女短袖衬衫号型规格系列

5.4 号型新唐装内穿女短袖衬衫规格系列详见表 2.11。

表 2.11 女短袖衬衫号型规格系列

单位：cm

| 部位 | 145 | 150 | 155 | 160 | 165 | 170 | 175 | 跳档 |
	72	76	80	84	88	92	96	系数
前衣长	58	60	62	64	66	68	70	2
领围	34.6	35.4	36.2	37	37.8	38.6	39.4	0.8
胸围	80	84	88	92	96	100	104	4
肩宽	36	37	38	39	40	41	42	1
袖长	18.5	19	19.5	20	20.5	21	21.5	0.5

88

第三章　新唐装理论研究

新唐装项目组在圆满完成2001年上海APEC会议领导人服装设计制作任务以后，根据有关领导指示，对新唐装进行理论总结。在全面总结新唐装理论与实践的过程中，新唐装项目组克服了各种困难，经过十余年坚持不懈的努力，从探究历史上真正的唐代"唐装"是何模样、新唐装的历史演变传承、桑蚕丝与铜氨丝交织技术研发、款式造型设计、规格尺寸设计、结构制版设计、团花图案裁剪方案设计、传统与现代工艺制作设计及穿着保养知识等一系列基础理论，都做了较全面地研究总结，每一项研究都发表了论文，并出版了《新唐装》等专著。对一款服装进行全方位、比较系统的理论研究，这也是新唐装取得成功的重要学术支撑和坚实的理论保证。

第一节
壁画中的
唐代"唐装"*

历史上唐代人穿的"唐装"和 2001 年上海 APEC 会议领导人穿的新唐装，在款式造型、工艺制作及衣料选择上都是风马牛不相及的，今日"新唐装"更非昔日"唐装"。"新唐装"与"唐装"概念正式在学术研究上出现，也是在 2001 年上海 APEC 会议召开以后。一千多年前真正的唐代"唐装"是何模样，我们现代人始终无法直观的见其庐山真面目。

由于唐代距今已有一千多年的历史，作为服装最基本的纺织材料，因其使用寿命有限，唐代时期制作的"唐装"实物已基本上无法保存至今，包括同时期的绘画作品，绝大部分也是由于材料寿命有限，基本无法完整地保留下来。如今要了解唐代"唐装"的概貌只能通过其他传世文物作为依据进行研究。各种能够保留下来的文物，如石器、玉器、青铜器、壁画、石雕、陶器、木俑、陶俑等，都为后人提供了大量的研究素材。相比之下，壁画作为同时期画师们的写实绘画比较真实地记载了过去的历史，提供了最有说服力的原始资料。

真正的、原汁原味的唐代"唐装"是什么样的呢？

2005 年初，上海博物馆隆重推出了"周秦汉唐文明大展"，展品基本上是从未公开展出过的古代艺术珍品，绝大部分是国家一级文物。其中汉唐墓室壁画更是让人感受到了中华民族五千年以来"周秦雄风汉唐歌"的灿烂文明，让我们穿越了时间隧洞，看到了历史上真正的、原汁原味的唐代"唐装"。

那一幅幅精美绝伦的壁画，均以人物为表现主体，尤其是人物的衣着装扮、乐观自信的神情、安详雍容的状态、以胖为美的构图，折射出盛唐时期政治稳定、经济繁荣、文化发达及充满生机的盛世雄风，展现了盛唐服装的辉煌。

为了更好地了解唐代的"唐装"，我们将这些墓室壁画分为男子"唐装"与女子"唐装"两个部分，看看历史上的唐代"唐装"是何模样。

一、唐代男子"唐装"

反映唐代男子"唐装"的代表壁画有《客使图》《内侍图》《仪仗出行图》《私家乐舞图》和《给使图》等。

1.《客使图》

《客使图》是唐代乾陵章怀太子墓中出土的墓室壁画，高 185cm，宽 247cm（图 3.1）。章怀太子名李贤，为武则天所生，是高宗李治的第六子，原封雍王，后被立为太子，奉诏监国。

---

* 本节内容选自北京《服装设计师》杂志 2005 年第 7 期丁锡强《原汁原味的唐朝"唐装"》，编入本书时略做了修改。

第三章　新唐装理论研究　　　　　　　　　　　　　　　　　　　　　　　　　　　**91**

图 3.1　客使图

（现收藏于陕西历史博物馆）

　　《客使图》又称《礼宾图》，图中画三位唐代官吏和三位外来使者一起参加谒陵吊唁的场面。图中人物步履凝重迟缓，神情肃穆，姿态各异，但又各具形貌，间接反映了唐代外交和文化交流的一个缩影。

　　图左三位唐代似文职官员，为初唐时期朝服打扮：头戴介帻，外加漆纱笼冠，身穿红色大袖长袍，衣长曳地，腰系绶带，手持笏板，脚穿朝天履。三位外来使者人物形象与穿着打扮各异，图中间一位使者头顶光秃，深目高鼻，留有胡须，身穿紫袍，腰间束带，足蹬长筒黑靴，其形貌和服饰似来自欧洲东罗马的使节。右二的一位使者，头戴双羽尖状冠帽，羽毛向上直立，帽边有带子束于颌下，身穿大红交领宽袖白袍，下着大口裤，腰束白带，足蹬黄靴，似乎是来自日本或朝鲜的使者。靠右一位使者，头戴护耳皮帽，身穿圆领黄袍，腰束黑带，脚穿翘头履，外披灰色大氅，可能是来自东北外域民族的使节。从三位来客的神情姿态中可以看出他们对唐朝的虔诚和崇敬。

2.《内侍图》

　　《内侍图》选自唐代乾陵懿德太子李重润墓中出土的墓室壁画，高167cm，宽140cm（图3.2）。图中七位身材高大的宫中内侍分两排站立，前排四人双手持笏板，举在胸前，目视前方；后排三人不知是否持笏板，且神情似乎不太集中。七位内侍全部戴幞头，身穿圆领窄袖长袍，腰系革带，足蹬乌皮靴。服饰佩戴也基本相同，不同之处在于长袍色泽的各异。按照当时唐代的规定，男子服装颜色必须与官位品级挂钩。《旧唐书·舆服志》中记载，贞观四年（公元630年）规定，"三品已上服紫，五品已

　　　　　　　　　　　　　　　　　　　　　　　　　中华新唐装

下服绯（红），六品、七品服绿，八品、九品服青"。图中穿着紫服者二人应为三品官衔，穿着红服者二人应为四品或五品官衔，穿着绿服者三人应为六品或七品官衔。

此图人物造型逼真、写实准确，神态各具特征，线条富有轻重缓急变化，服装设色亮丽明快、对比鲜明，突出了人物特征及服饰效果。《内侍图》是迄今为止反映唐代男子代表服装——圆领袍服，最清晰和完整的一份珍贵文物。

图3.2　内侍图

（现收藏于陕西历史博物馆）

3.《仪仗出行图》

《仪仗出行图》是唐代开国皇帝李渊的弟弟、李世民的叔叔、开国功臣淮安靖王李寿墓中出土的墓室壁画。李寿墓室壁画极其丰富，气势庞大，东西两壁对称绘制《仪仗出行图》12幅，每幅长达2m。图中出行仪仗分组排列，前后有序。通过庞大的画面可以看出初唐贞观年间皇家出行声势浩大的壮观场面。

图3.3　仪仗出行图

（现收藏于陕西历史博物馆）

从考证唐代男子"唐装"的角度出发，此图是整个《仪仗出行图》中最值得发掘"唐装"题材的画面。图3.3属于《仪仗出行图》之四——步行仪卫，高166cm，宽213cm。图中共有八位人物，都是步行仪卫。除出现了身穿唐代圆领袍衫三位文官之外，还出现了三位上身穿着红色短襦外套、裲裆，下着裤子的文官，唐代男子穿着短襦的画面以往很少出现，另外还有两位身着披风的司仪。画面中八位仪卫穿着的三种服装款式使我们领略了唐代男子各种服装款式变化的魅力。

4.《私家乐舞图》

表现乐舞场面的壁画也屡见于不同时期和规格的唐墓之中，这是唐代文化艺术繁荣和贵族娱乐生活丰富的一种反映。《私家乐舞图》出自1996年4月西安西郊发掘的一座中晚唐时期墓中出土的墓室壁画，高118cm，宽156cm（图3.4）。

图3.4　私家乐舞图
（现收藏于陕西历史博物馆）

这幅墓中残存的壁画以乐舞题材表现，极为罕见。全图以舞蹈者与奏乐人为素材，描绘了八位男子组成乐舞场景。站立中间一位主角演技造型活灵活现，双手挥舞动水袖似行云如水；左右两侧为奏乐人员及伴唱者，奏乐人在第一排呈坐姿，分别拨箜篌、吹竽篥、弹琵琶；伴唱人分立于第二排袖手静候，另有一击钹者站在其侧。该图中所有艺人都身穿宽松圆领袍衫，袖子既宽又长，后被称之为"水袖"，这也是最早有关水袖的实物记载资料之一。

5.《给使图》

《给使图》是陕西礼泉县昭陵段简璧墓中出土的墓室壁画，段简璧是唐太宗李世民的外甥女，后封为邳国夫人。"给使"是唐代对宦官的别称。《给使图》是唐代墓室壁画中有关宦官形象的代表作品之一，一组四幅，每幅壁画高 146cm，宽 90cm（图 3.5）。

图 3.5　给使图

（现收藏于咸阳市昭陵博物馆）

图中四名宦官均面部瘦削，戴幞头，穿袍服，形象乖丑卑诡，举止猥琐怪异，这也是唐代墓室壁画中描绘众多宦官的基本形象。这些给使尴尬的生理缺陷和所处宫廷的人文环境使他们心理扭曲、变态和畸形，仇视和报复心极强；他们不得不忍辱负重，投机钻营，拍马奉迎，阿谀媚上，得势后即冷酷残忍，贪婪专权。

从图中可以看出，这些唐代宦官的衣着基本上没有多大变化，无论年岁大小，服饰打扮都是一个模样，头戴黑色软角幞头，身穿圆领窄袖袍，腰束黑色带，腰间佩戴囊袋，足蹬黑色软靴。这种穿戴装束是当时唐代男子最常见的打扮，后成为整个唐代及五代时期男子的代表服装。

**二、唐代女子
"唐装"**

反映唐代女子"唐装"的代表壁画有《宫女图》《观鸟捕蝉图》《执扇宫女图》《侍女男装图》和《男装侍女图》等。

1.《宫女图》

《宫女图》是陕西乾县唐乾陵永泰公主墓出土的墓室壁画，高176cm，宽196.5cm（图3.6）。永泰公主名李仙蕙，是唐中宗李显的第七个女儿，唐高宗李治和武则天的孙女，唐长安元年（701年）死在洛阳，时年仅17岁。后与她丈夫武延基合葬在一起，陪葬乾陵。

图3.6　宫女图

（现收藏于陕西历史博物馆）

《宫女图》最早由著名文史家沈从文先生在《中国古代服饰研究》中介绍，正式向世人展示了唐代女子的容貌及穿着打扮。以后，此壁画中宫女所穿着的服装皆成为后人评判唐代女子服装的标准范本。

壁画中人物为九位风姿绰约的宫女，个个体态丰盈，婀娜多姿。她们分别手捧方盒、酒杯、拂尘、如意、团扇和蜡烛等，在为首女官的引领下结队缓行。宫女们身穿襦裙服，双肩披帛，个别宫女加半臂，头带花髻，足蹬凤头丝履。宫女们或前后顾盼，或细声低语，表情庄重矜持，脸型清俊娟秀，身材苗条，正是典型的初唐女子的形象。画中人物的尺寸与真人相仿，绘画线条挺拔流畅，技巧高超。该壁画反映了唐代女子喜好秀丽丰满、华贵艳媚的风尚，真实地展示出唐代皇室贵族奢靡生活的场面。

2.《观鸟捕蝉图》

《观鸟捕蝉图》是陕西乾县唐乾陵章怀太子李贤墓中出土的墓室壁画，高168cm，宽175cm（图3.7）。壁画以三位仕女为主角，并由鸟、树、蝉和石等衬托组成。画面左边一位仕女头梳小圆髻，丰颊阔眉，朱砂点唇；内穿窄袖短襦，上着半臂衫，外披红色长巾；下穿绿色曳地长裙，足蹬云头如意履；左手托长巾，右手执钗于脑后，仰观上方展翅飞翔的小鸟。右边的一位仕女，其装束与左边那位仕女相同；只是她双臂交锁，挽长巾于胸前，面无表情，平视前方，显得沉稳、平静。中间的那位仕女与两边的人物特征反差较大，头梳丫髻，丰颊滋润，直鼻小口，眉目有神；身穿当时最为新潮的男装，为黄色圆领长袍，腰间束带，下穿黄色裤子，足蹬尖头软鞋；左手微举，右手拂袖，莲步轻移，似乎正全神贯注地想捕捉前面树干上那只鸣叫的小蝉，其人物形象天真烂漫、稚气可爱。

图 3.7　观鸟捕蝉图
（现收藏于陕西历史博物馆）

此壁画所绘仕女形象近似写实，运用流畅的线条，准确地勾勒出唐代仕女的表情和装束。壁画设色艳丽，技法精湛，所绘人物、树木生动自然，其浓丽丰肥、雪肤花貌、丰肌绮罗的人物造型，带有典型唐代仕女的特征。

3.《执扇宫女图》

《执扇宫女图》是陕西乾县唐乾陵懿德太子李重润墓中出土的墓室壁画，高 169cm，宽 139cm（图 3.8）。两位宫中仕女手持长柄团扇，分立于一株小树边。两位宫女容貌安详端庄，高髻阔眉；衣着短襦长裙，襦裙色泽各异，肩佩披帛，悠闲飘逸；人物形象亭亭玉立、楚楚动人。

图 3.8　执扇宫女图
（现收藏于陕西历史博物馆）

4.《侍女男装图》

　　《侍女男装图》出自陕西礼泉县唐昭陵新城公主墓室壁画（图 3.9），新城公主是唐太宗幼女，最受宠爱。《侍女男装图》最大的亮点是真实地展现了唐代女子穿男装的实景，这在以往的唐代墓室壁画中甚为少见。图中主仆两人都是女子，女主人身穿襦裙，肩佩披帛，似乎正急匆匆地朝外走，临走还忘不了在向侍女交代什么。而侍女一身男装打扮，缠头巾，身穿圆领窄袖袍衫，束腰带挂佩饰，双手擎持蜡烛，两眼望着主人。

图 3.9　侍女男装图
（现收藏于陕西历史博物馆）

图 3.10　男装仕女图
（现收藏于西安曲江艺术博物馆）

5.《男装侍女图》

《男装侍女图》是陕西富平县唐节愍太子李重俊墓出土的墓室壁画，高140cm，宽110cm（图3.10）。画面描绘的是两名身着男装的侍女，左一侍女身着翻领大袖袍裙，两肩有翘起的翅状，双手持一细颈瓶；右一侍女身着赭色圆领窄袖长裙。两侍女戴幞头，女扮男装，表现出唐代女子喜好穿着男装为时尚。

三、唐代"唐装"概述

由陕西历史博物馆和其他博物馆收藏的唐代墓室壁画内容，可以对历史上唐代的"唐装"做一个大致的描述：

男子"唐装"代表服装——袍衫

圆领，衣长过膝，生活着装袍衫多为窄袖，礼仪娱乐袍衫多为宽袖；袍衫颜色各异，但必须按人的不同身份选择（图3.11）。

女子"唐装"代表服装——襦裙服

襦裙服由上下两部分组成，上衣长度仅到腰节，并与长裙连接，裙长遮履或曳地。襦裙服的颜色丰富多彩，多为红、浅红或淡赭、浅绿等色，其中高档襦裙服还配以金银线或彩色丝线刺绣为饰（图3.12）。唐代女子还喜好穿男装和胡服，属于当时女子的时尚流行穿着。

图3.11 头裹长脚罗幞头、身穿窄袖圆领长袍、下着条纹小口裤、腰束革带、足蹬浅履的男子　　图3.12 头戴浑脱帽、身穿袒领窄袖襦裙服、足蹬高勒革靴的女子

漫谈新唐装*

一、传统特征与现代造型

中华民族传统服装已有几千年的发展历史，每个朝代或年代都有当时流行的代表服装，如秦汉时期的深衣和胡服、盛唐时期的袍衫和襦裙服、清代时期的马褂和旗袍等。这些都是中国传统服装中的杰出代表，现在大部分已看不到实物，只有清代时期的服装还能在专业服装博物馆见到。但到底什么是传统服装、何种服装款式能代表中国传统服装，是值得我们深思和研究的，尤其是男子的代表服装。因此，尽快设计出能为21世纪中国人自己接受，并能走向世界的中国传统代表服装，是摆在中国服装界面前的一个重要课题。

2001年上海APEC会议期间各国领导人穿着的新唐装在款式外形上有如下特征。

1. 新唐装（男）

中式立领，衣襟对襟，领口与衣襟止口处用镶色料滚边；前衣片两片，不开刀，不收省，不打褶，前衣襟处竖排缝钉七对一字形葡萄头盘扣；后衣片两片，背缝拼缝；两片袖型装袖，肩部处内装垫肩；左右侧缝处有插袋，左右侧缝下端开摆衩。

2. 新唐装（女）

中式立领，衣襟对襟，领口、门襟止口与袖口处用镶色料滚边；前衣片两片，缝缉横胸省和竖腰省，前衣襟处竖排缝钉六对一字形葡萄头盘扣；后衣片两片，背缝拼缝、缝缉竖腰省；两片袖型装袖，肩部处内装垫肩；左右侧缝处有插袋，左右侧缝下端开摆衩，摆衩用镶色料滚边。

3. 长袖衬衫（男）

立领、对襟；前衣片两片、左胸袋一只；前衣襟处竖排缝钉九对蜻蜓头盘扣，排列成三个"王"字；后衣片一片、肩部两层幅势；一片袖型长袖，宽袖口缝钉三对蜻蜓头盘扣，排列成一个"王"字。

4. 短袖衬衫（女）

立领、对襟；袖口、领口与门襟止口处分别用本色料滚边并用镶色料嵌线；前衣片两片，收竖腰省，打横胸褶，前门襟处缝缀竖排五对蜻蜓头

---

* 本节内容选自北京《服装设计师》杂志2002年第2期中丁锡强所作《漫谈2001年APEC领导人服装》，编入本书时略做了修改。

盘扣，盘扣中镶色嵌线；后衣片一片，收竖腰省，一片袖型短袖，袖口用本色料滚边并用镶色料嵌线。

2001年上海APEC会议领导人穿着新唐装闪亮登场，受到一致好评，其最大的成功之处就是在于紧紧抓住了中国传统服装的三个主要特征——立领、对襟及手工制作的盘扣。

中国传统服装有几千年历史，不管朝代替更、年代变化，服装名称五花八门，服装款式演变多样，但其中有些部位基本不变或是大同小异。比如，领子有交领、立领、圆（无）领；门襟有对襟、斜襟；袖子有直袖、连袖或窄袖和宽袖；纽扣绝大多数都是用布料制作的盘扣。这些基本不变的中国传统服装特征一目了然，已约定成俗。

当然，如果此次新唐装的款式只有传统特征，而没有现代造型也是不成功的。如传统服装的肩与袖不分割，它的前后衣片是联体的，虽然穿起来比较舒服，但看起来却不那么美观。而现代服装则把美观放在突出位置，强调的是服装造型与人体体型的完美结合，现代西式服装在肩袖部位独立分割，是现代造型对传统造型的一种创新。因此，把现代肩袖造型合理地组合到传统中式服装上，是新唐装的创新之处。

综上所述，新唐装充分反映了传统服装的特征，又准确地借鉴了现代服装的造型。

二、新唐装的面料

中国传统服装衣料的选择一般都是采用天然纤维制作的面料，天然纤维主要是由棉、毛、丝、麻这四种成分组成。用棉、毛、丝、麻这四种成分纺织的面料各自有其优缺点。比如，棉布虽然透气性好，但不够平挺；毛料外观手感都好，但它色泽不够靓丽；麻布透气性好，但纤维太粗糙；丝绸最大的优点是色泽靓丽质地柔软，穿起来滑爽舒适，缺点是容易起皱。在中华民族传统服装的历史长河中，丝绸向来是高档服装的首选材料。丝绸种类繁多，适合做外衣的最佳衣料是织锦缎。

新唐装的外套面料采用的是桑蚕丝与铜氨丝交织混纺的织锦缎，因此从严格意义上来说，这不是100%的全真丝。为什么不用全真丝？这是因为选用面料中有一个团花图案，即内径为3cm的APEC变体字母，并用一个圆圈起来，外面还有围绕字母的4朵牡丹花，整个团花图案的直径为6cm。更为严格的是，这个团花图案必须呈立体凹凸效果，经纬密度排列非常紧密，每平方厘米共有经丝线129根、纬丝线112根。要求提供几种色彩面料的团花图案，最典型的主团花还必须是金黄色的。这些要求给织造带来了困难。因为在所有染色纤维中，金黄色的纤维最容易在织造过程中拉断。最后经过上海丝绸界的专家攻关，设计团队放弃了全真丝方案，采用桑蚕丝与铜氨丝交织和新颖印染技术，解决了上述难题。

新唐装的外套选用的里料是与面料配色的真丝软缎，里料上面印有APEC字母，专料专用。

辅料主要有两种：一种是镶色于领口和衣襟滚边及做盘扣的回纹花纹织锦缎；另一种辅料是粘合衬，它的作用是通过高温与面料粘合，使面料更加平挺，用于前衣片、挂面、领面、后衣片贴边和袖口贴边等部位。

缝线采用了配色真丝线，这些丝线在缝制前都进行了预缩。在缝制过程中还采用了粘合牵条、垫肩、绒布等辅助材料。

衬衣面料是100%全真丝白色提花双绉，上面主要由两种图案组成，一是APEC变形字母，二是代表吉祥如意的云纹，并在云纹中穿插万、寿、无、疆等艺术字体。

2001年上海APEC会议领导人穿着的新唐装面料全部是特制特供，因此有关方面在服装制作一结束，立即将多余面料及零星碎料，包括一些未加工完毕的备用服装，全部收回封存。因此，从某种意义上来说，2001年上海APEC会议领导人的新唐装面料是绝版制作。

三、新唐装的颜色

2001年参加上海APEC会议的二十位领导人穿着的新唐装给世界带来了一个惊喜，真正做到了色彩缤纷、灿烂夺目。但到底有几种颜色呢？一共提供了几种颜色供国外领导人选择呢？我方一共准备了几种颜色？哪些颜色最后没有被选用？哪种颜色最热门？团花图案的颜色是如何确定的？等等。

根据第一手资料，我方最早向少数几个国家提供了6种颜色（暗红、绛红、蓝、绿、棕和黑），后来，给绝大多数国家提供的是5种颜色，即把黑色去掉。可能是有关部门重新考虑的结果，因为按照中国人的习俗，喜庆的日子一般是不宜用黑色。

出于应急的考虑，这次我方共准备了8种颜色，最终领导人亮相时服装颜色是6种，分别是中国红、绛红、暗红、蓝、绿、棕，还有两种未曾露面，一种是酒红，另一种即是黑色。

如果仔细观察，可以发现新唐装的团花图案和包括镶色滚边和盘扣有一个规律：凡主色调为红色系列（中国红、绛红、暗红）的面料，其团花图案（包括镶色滚边和盘扣）一律为黑色；除此之外，所有其他颜色（蓝、绿、棕）面料的团花图案（包括镶色滚边和盘扣）一律为金黄色。

四、新唐装的结构设计

中式服装与西式服装在结构上有明显的区别：首先中式服装结构是属于二维平面裁剪，强调的是宽松，而西式服装结构属于三维立体裁剪，突出的是合体。因此，如何将中西式服装的精华融合在一起，也是此次服装结构设计中的一个重要课题。

当领导人服装规格尺寸设计完成后进行结构设计时，发现了这样一个难题——肚围大体型者的尺寸如何进行结构设计？按照现在通常的做法，大都是增收省位、打褶或开刀分割进行调整组合，如增收肚省、腋下省。但这样一来，将使前衣片结构造型变得不规范。因为按照中国传统服装的惯例，衣片，尤其是前衣片一般不允许随便收省、打褶或开刀，这也是中装和西装在结构版型上的最大区别。因此在这次结构设计中，我们也必须遵循这个惯例，尽可能地保持中国传统服装衣片结构的完整性。后来我们干脆定了这么一条技术口径：除了女装要达到合体，需要采取收省打褶外，男装规格尺寸不管如何差异，前衣片不收省、不打褶、不开刀，后衣片有背缝拼缝，但也不收省和不打褶。

如何做到男装前衣片不收一只省，不打一只褶，解决肚围大的难题呢？在结构设计中需要做到以下几点：

① 增量加大前衣片门襟止口处（领口至腰节）的劈门，这一点借鉴了中山装门襟止口劈门的结构设计原理。

② 增加前衣片门襟止口下段的劈门，这一点借鉴了西装圆下角劈门的结构设计原理，并还能防止产生门襟下端止口内搅重叠现象。

③ 提高前衣片下摆处的起翘量，肚围越大起翘量就越大。

④ 调整前、后衣片分配比例，前衣片要明显大于后衣片。

⑤ 调整横开领数据，即加大前衣片横开领尺寸。

⑥ 确定前后衣片长短尺寸差异数据，这一点关系到整件服装的平衡。

就这样我们从制版原理上解决了男装不收一只省、不打一只褶的问题，然后进行试制。我们将试制好的样衣送至有关领导试穿，一次试穿即成功，消息传来，我们所有参与设计制作的人员都是一片欢腾。

五、裁剪设计和难点

"新唐装"的裁剪难在什么地方呢？

第一，如何准确地把 APEC 团花图案准确地放在整件上衣的每个部位。团花图案直径为 6cm，由于有了 APEC 四个字母后图案不能颠倒。另外图案还有一个参数，就是图案与图案之间的经纬向（面料的竖向与横向）间距都是 12.5cm，斜向间距是 7cm。刚开始时，我们设计了几套裁剪方案，经试验后都觉得不够理想。不是领子与领圈花型重叠，就是左右衣片组合后中心团花不完整，或者袖子团花与衣片团花横向不水平。经过反复实验，我们最终找到了最佳的裁剪方案：横向以前衣片衣襟止口衣长 1/2 处作为基点，此处成衣后必须有一个完整团花；竖向肩缝最高点不允许出现团花图案。这一裁剪方案确定之后，二十位领导人服装裁剪下来的图形全部是上下等距，左右对称。

第二，为了确保裁片质量的精准，我们采用了粗裁与精裁的二次裁剪方案。由于这次裁剪与一般的裁剪完全不同，加上面料门幅较窄，只有宽75cm门幅，因此裁片只能一片一片地裁剪。先粗裁毛坯，然后将毛坯裁片放进粘合机高温预缩（包括前衣片将粘合衬黏好）处理，再精裁（俗称"劈片"）准确。面料一般在反面裁剪，而且是两层面料一起裁剪。这次为了对花对图案，我们采取在正面放上纸样，一层一层裁剪且不能用划粉。

第三，裁剪时换片太多。由于这次选用面料是为领导人服装特别试制的织锦缎，采用的桑蚕丝与铜氨丝交织技术还不完全成熟，因此在面料的某些工序处理方面还不够完善，如面料中存在的问题有松紧档、粗纱、烫不掉的折印等。有些问题还很严重，如烫不掉的折印。为了避免这些问题，我们在裁剪时尽量避免，层层把关。如果裁剪时遗漏，而缝纫时发现了，必须坚决换片，哪怕是做成成品也不放过。所以，最终完成的二十件成衣没有一件发现面料上存在任何瑕疵。

六、传统与现代工艺保留与创新

"新唐装"融合了传统工艺与现代工艺。

我们在制作工艺中比较多地采用现代工艺而较少采用传统手工，这是因为此次"新唐装"在款式和面料上已经充分地反映了中国传统服装的特色，如果在制作工艺中再过分强调传统手工制作，效果也不一定好。手工工艺既费时又耗工，而且每个人的操作手势不同，质量反而不能得到保证。因此，除了有些工序必须要手工制作外，其他工序能采用现代工艺的就用现代工艺，能用机械设备的尽量用机械设备。最后，我们在制作工艺中，除了做盘扣、缝钉盘扣及衣襟内止口扳针等一些缲针工序是手工操作外，其他绝大多数工序都采用缝纫机械设备缝制，这样效果又好又快。

传统服装进行工艺创新主要有以下几个方面：一是采用了现代的粘合衬工艺，主要是在前衣片、挂面、领面、后衣片贴边和袖口贴边等部位的粘合，目的是使服装成型后更加平挺饱满；二是采用了西装制作中的推门和归拔工艺，对衣片特殊体型某些部位适当地进行了归拔处理，对女装也进行了类似工艺处理，以突出女性的曲线造型和弥补人体的某些不足；三是袖子工艺采用了西装的两片袖袖子工艺，使袖子成型后圆顺饱满服帖；四是采用蒸气熨烫，以防止衣料产生极光和烫黄现象。

第三节
规格与制版 *

2001 年上海 APEC 会议领导人服装外形款式框架确定以后，接下来的任务之一就是要对每位参会领导人的服装进行规格尺寸设计。再好的款式和精致的做工，规格尺寸不符也将前功尽弃。尤其是此次领导人的服装，在事先没有进行量体的情况下，规格尺寸设计也是整个服装设计制作过程中重要环节。在正式为每位领导人的规格尺寸设计之前，我们设计制作组定了这么一条八字原则：男子宽松、女子合体。

一、主要部位规格

新唐装的规格尺寸有长度、围度和宽度三方面，长度主要指衣长和袖长；围度主要指领围和胸围，或者增加腰围和臀围等；宽度主要是指肩宽。

1. 衣长确定

衣长是服装规格尺寸设计中最重要的尺寸之一，也是 2001 年上海 APEC 会议领导人服装进行规格设计中第一个需要解决的问题。我们参考了国家标准 GB/T 1335.1—1997《服装号型》中的一些数据，并结合此次领导人服装款式的要求，确立了以身高减去 100cm 作为后衣长的基础参数。例如：身高 185cm，则 185cm−100cm=85cm，即此人后衣长的基础尺寸为 85cm，然后再参考此人所提供的衣长尺寸进行加减调整。在确定调整数据时，还必须分析其胸围与肚围之差。

为什么这次为领导人设计衣长规格尺寸，要以后衣长作为基础尺寸而不采用前衣长呢？其主要原因有两点：一是我方要求外方提供的量体部位和尺寸本身不够完整；二是这些外国领导人中绝大多数人的体型较特殊，即腹围较大。而一件服装成型后，穿在人体身上前后衣长的平衡是很关键。加上一些国家提供的尺寸数据只有胸围，而没有肚围，我们无法知道胸、肚围之差。因此，在无法得知肚围尺寸的情况下，采用后衣长作为基础尺寸作为参数比较保险。另外，有个别国家提供的尺寸有明显错误（如身高 194cm，提供的衣长尺寸却只有 74cm）。

由于确定了采用后衣长尺寸作为衣长的基础参数，我们就可以通过外方提供的尺寸，并参考网上下载的有关这些领导人的照片进行对比分析，确定每位领导人的前后衣长尺寸。最后事实证明，这次所有为领导人服装设计的衣长尺寸都比较合理，包括在试穿时，没有一件服装在衣长上进行改动（表 3.1）。

---

* 本节内容选自北京《纺织学报》杂志 2002 年第 12 期丁锡强、闻红《APEC 领导人服装规格尺寸设计》和北京《纺织学报》杂志 2004 年第 10 期丁锡强《APEC 新唐装结构制版设计》，编入本书时略做了修改。

表 3.1　APEC 领导人服装前、后衣长尺寸设计

单位：cm

款　式	后衣长	前衣长
APEC 领导人服装外套（男）	（身高 -100）±x	后衣长 +y
APEC 领导人服装外套（女）	（身高 -100）±x	后衣长 +y
APEC 领导人男长袖衬衫	外套（男）后衣长 -2	外套（男）前衣长 -2
APEC 领导人女短袖衬衫	外套（女）后衣长 -2	外套（女）前衣长 -2

注：x 为后衣长调整数据的变量，范围为 2 ~ 6cm。

　　y 为前衣长调整数据的变量，范围为 2 ~ 7cm，凸肚体为 3 ~ 7cm。

2. 胸围、腹围（下摆）放松量

如何体现 APEC 领导人服装"男子宽松、女子合体"的风格，也是此次进行领导服装规格尺寸设计中的一个课题，具体涉及胸围、腹围（下摆）这些属于围度范畴的规格尺寸设计。

为了体现"男子宽松"，男子胸围的放松量控制在 18cm 左右，腹围（下摆）的放松量控制在 10cm 左右，以保证每位男子穿着后有足够的伸展余地，并为以后在结构制版设计中要求做到"整件男上衣不收一只省、不打一个褶"留出一定空间。

"女子合体"的胸围放松量控制在 10cm 左右，下摆的放松量控制在 8cm 左右，并在结构制版设计中增加了缉胸褶、收腰省的手段，最终体现了女性曲线形的人体美。

由于较好地掌握了宽松与合体的放松量，因此，最终展现在世人面前的 2001 年 APEC 领导人服装整体效果，符合"男子宽松女子合体"的八字原则（表 3.2）。

表 3.2　APEC 领导人服装胸围、腹围（下摆）放松量

单位：cm

款　式	胸　围	腹围（下摆）
APEC 领导人服装外套（男）	16 ~ 20	8 ~ 12
APEC 领导人服装外套（女）	8 ~ 12	6 ~ 10
APEC 领导人男长袖衬衫	14 ~ 18	8 ~ 10
APEC 领导人女短袖衬衫	6 ~ 10	6 ~ 8

3. 领围确定

这次 APEC 领导人服装的领子款式属于关门领范畴中的立领式样，领型选用了中国传统服装中最经典的中式立领，应该说中式立领的式样并不复杂，但是还是存在设计难点的。首先，有个保密问题。因为我们向外方征询尺寸时，不能将服装的款式告诉他们，尤其领子是服装款式最敏感的部位。因此，在外方不知道这次服装是何模样的情况下，他们报的尺寸也就一般不会报领围的尺寸。所有外方报来的尺寸是否有领围尺寸，是否是净领围尺寸或有放松量的尺寸，是否是衬衣领围尺寸，都需要我们进行分析判断。另外，这次我方为外方准备了外套和衬衣两件服装，而这两件服

装领型又全部都是立领款式。按照我们原先的设计思路，外套和衬衣穿好后，衬衣的领子必须在外套领子基础上外露 0.5cm。实事求是地说，两只立领重叠的穿着效果并不十分理想，但外套和衬衣立领的款式已经确定，无法更改变动。另外，这两件服装立领的领口处都要手工缝钉盘扣，尤其是当穿在外套里面的衬衣，其领口的盘扣一扣合，使得我们原先常规设计的外套领围尺寸都偏小，不能满足。

为了解决这一难题，设计出合理的外套和衬衣领围尺寸，设计团队经过反复讨论、小样制作、模拟实验，最终确定了基础领围尺寸的设计思路，即以外方传真过来的原始领围尺寸（没有领围尺寸，通过照片分析确定）为基本参数，先加 4cm 放松量为立领衬衣领围尺寸，最后再加 5cm 放松量为外套立领领围尺寸。当然，我们对传真过来的领围尺寸有明显不对先进行纠正，再按以上思路进行设计。我们这次在为每位领导人试衣时，特别关注领子部位，没有发现一例特别穿着过紧不适的情况（表 3.3）。

表 3.3　APEC 领导人服装领围放松量

单位：cm

款　式	领　围	加放数据测算
APEC 领导人服装外套（男） （内穿立领衬衫）	8 ~ 10	例：紧领围 38（放松量加 9） 测算：紧 +4+5（38/42/47）
APEC 领导人服装外套（女） （内穿立领衬衫）	6 ~ 8	例：紧领围 34（放松量加 7） 测算：紧 +3+4（34/37/41）
APEC 领导人服装男长袖衬衫	3 ~ 5	例：紧领围 38（放松量加 4） 测算：紧 +4（38/42）
APEC 领导人服装女短袖衬衫	2 ~ 4	例：紧领围 34（放松量加 3） 测算：紧 +3（34/37）

二、模拟体型规格

为了能确保上述主要规格尺寸设计的可靠性，我们在正式制作前，又从二十位领导人中挑选了两位领导人尺寸，分别进行了男、女模拟体型规格尺寸设计试制。我们以 GB/T 1335.1 ~ 1335.3—1997 国家标准《服装号型》中男子和女子中间体为例，介绍 2001 年 APEC 领导人服装（外套和衬衫）完整的规格尺寸设计过程。

1. 模拟体型外套（男）规格设计（表 3.4）

（1）170/88A 属于男子正常体型，选用 170/88A 作为规格设计中间体样本。规格部位设置后衣长、领围、胸围、肩宽和袖长五处，如遇体型特殊则还可增设前衣长、腹围或臀围等部位规格。

（2）领围放松量加 9cm 的数据由来，选取领围 38cm 为人体测量后紧领围，先加 4cm 衬衫放松量，为 42cm，是设计长袖衬衫领围尺寸；再加 5cm 外套放松量，为 47cm，是设计外套（男）最终领围尺寸。

表 3.4　外套（男）中间体规格设计

单位：cm

号型标准 中间体	前衣长 / 后衣长*	领围	胸围	肩宽	袖长
5.4 系列 170/88A	75/73	紧 +4+5 38/42/47	紧 +18 88/106	紧 +1 43/44	60
	1/2（第七颈椎点 至脚跟）+2.5	放松量加 9	放松量加 18	放松量加 1	齐虎口

注：后衣长有两种计算方法：① 1/2（第七颈椎点至脚跟）+2.5；②（身高 −100）±x。

2. 模拟体型外套（女）规格设计（表 3.5）

（1）160/84A 属于女子正常体型，选用 160/84A 作为规格设计中间体样本，则规格部位设置前衣长、领围、胸围、肩宽和袖长五处，如遇体型特殊则还可增设后衣长、腰围、臀围、胸高、腰节高、袖肥和袖口等部位规格。

（2）领围放松量加 7cm 的数据由来，34cm 为人体测量后紧领围，先加 3cm 衬衫放松量，为 37cm，是设计短袖衬衫领围；再加 4cm 外套放松量，为 41cm，是设计外套（女）最终领围尺寸。

表 3.5　外套（女）中间体规格设计

单位：cm

号型标准中间体	前衣长	领围	胸围	肩宽	袖长
5.4 系列 160/84A	66	紧 +3+4 34/37/41	紧 +10 84/94	紧 +1 39/40	56
	齐虎口	放松量加 7	放松量加 10	放松量加 1	虎口向上 3

3. 模拟体型男长袖衬衫规格设计（表 3.6）

表 3.6　男长袖衬衫中间体规格设计

单位：cm

号型标准中间体	前衣长	领围	胸围	肩宽	袖长
5.4 系列 170/88A	73	紧 +4 38/42	紧 +16 88/104	紧 +2 43/45	62
	1/2（第七颈椎 点至脚跟）+0.5	放松量加 4	放松量加 16	放松量加 2	虎口 +1

4. 模拟体型女短袖衬衫规格设计（表 3.7）

表 3.7　女短袖衬衫中间体规格设计

单位：cm

号型标准中间体	前衣长	领围	胸围	肩宽	袖长
5.4 系列 160/84A	64	紧 +3 34/37	紧 +8 84/92	紧 +1 39/40	20
	虎口 −2	放松量 加 3	放松量 加 8	放松量 加 1	肩外端至肘 2/3

三、结构制版分析

服装结构制版是款式造型的延伸和发展，也是工艺设计的准备和基础。纵观一件服装的整个制作过程，结构制版在中间起到一个承上启下的作用，是整个服装制作中最具技术含量的重要环节，所谓"版型"决定服装的成败。因此，如何设计出既有现代感又有中国传统服装特色的新唐装版型，是新唐装设计中又一个重要课题。

1. 中国传统服装版型

中国传统服装与西方现代服装有着各自不同的文化背景，无论是从外观款式造型还是内在结构制版及缝制工艺上对比分析，都有着明显不同，因而形成了中西方服装各自独特的版型结构体系。

从奴隶社会西周时期的代表服装冕服、深衣，一直发展到清末和民国时期的代表服装长袍、马褂，几千多年来中国传统服装基本都是按照人体站立时的静态姿势设计，并采用平面直线裁剪方法。款式与结构都属于二维平面造型，强调的是宽松与自如。二维平面造型的衣服穿在身上平直宽松、朴素简便，穿着者举手抬腿、蹲坐起立和跨步行走比较方便。从结构特征看，由于衣服独片相连，衣身结构都是整片连体式，无论袍、衫、襦、褂、袄，通常只有袖底缝和侧摆相连的一条结构线，无肩线和袖窿部分，因此，裁剪与缝制都比较简单，一直深受大众百姓欢迎。例如，清末和民国时期男子的代表服装马褂，其结构造型便是属于典型的中国传统服装二维平面造型（图 3.13 和图 3.14）。同时，中国传统服装轮廓清晰，结构简单，缝份无重叠，可以平铺于席。在日常穿着过程中，以及在后续的晾晒、折叠、保管和收藏时，都很方便。

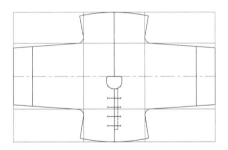
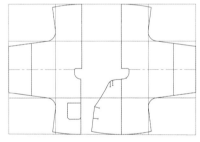

图 3.13　对襟马褂结构制版　　　　　图 3.14　斜襟马褂结构制版

2. 西式服装版型

西式服装款式与结构多数属于三维立体造型，采用独特的平面曲线裁剪或立体裁剪方法。不管是平面曲线裁剪还是立体裁剪方法，西式服装视人体为多面体至少是三面体，仔细研究人体从上到下、从前到后各个部位的凸凹起伏关系。按照人体工学原理，利用打褶和省道处理等工艺手段，达到服装成型后能充分反映人体曲线与裹体效果。同时，西式服装非常强调符合体型，因而服装的结构较为复杂。它以人体结构躯体上肢、下肢的各个局部，分别设计出领子、衣身、袖子等各个主要部位，并加上一些附件而构成一件上衣或一条裤子。西式服装上的各个主要部件，都是按照人体外形轮廓的长短大小、肥瘦粗细构成不规则的筒状、管状等形式进行设计制作，这些都是西式服装的最大优势（图3.15）。

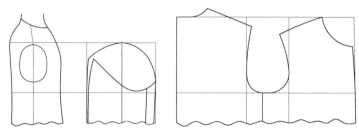

图 3.15　人体肩臂侧身与衣片袖窿

西式服装的结构制版相对于中国传统服装结构制版要复杂，线条多为曲线形，有前、后衣片之分，有衣身与袖之分，同时还可以在衣片中进行各种省褶与分割处理，完成各种服装造型。例如，西装结构制版（图3.16）和中山装结构制版（图3.17），现已成为现代西式男装中两款经典的结构制版范例。

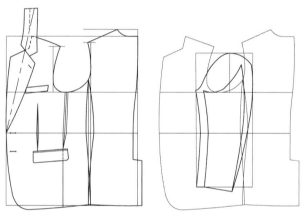

图 3.16　西装结构制版

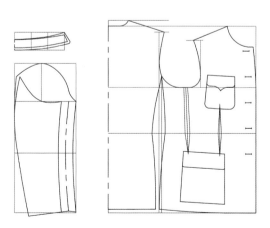

图 3.17　中山装结构制版

3."中西式"版型融合

由于中国传统服装中的肩与袖向来不可分割,因此它的前、后衣片结构也互为联体且合二为一(图3.18)。虽然穿起来比较舒服,但某些部位看起来却不那么美观,如肩部和袖窿腋下就显得有点臃肿。而西式服装则把美观放在相当突出位置,强调的是服装造型与人体曲线的完美结合。在肩与袖部位采用装袖结构设计,是西式服装造型与中国传统服装造型的一个重要区别(图3.19)。因为装袖结构设计的袖窿和袖子严格按照人体腋窝和臂膀形状设计,最终穿在人体身上能显得服帖合身。因此,如何将中西方服装的精华部分融贯在一起,也是新唐装进行结构制版设计中值得关注的一个方面。

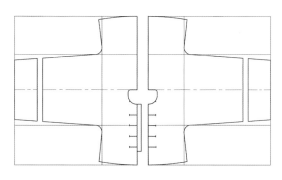 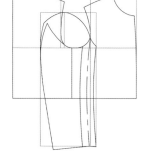

图3.18 中国传统服装衣袖相连　　　图3.19 西式服装衣袖分开

四、基本体型制版

进入结构制版设计阶段后,在实施过程中发现了这样的问题:部分特殊体型中肚围大的规格尺寸如何进行结构设计?如何进行制版打版?

有关特殊体型中肚围大的问题,目前通常的处理方法是在前衣片的某些部位增收省位、打褶或开片组合,如增收肚省、腋下省等。采用这样的处理方法,肚围大问题是可以很方便得到解决,但可以想象整件新唐装的造型将会变得不中不西,不能体现中式服装的主要风格。

按照中国传统服装结构制版的惯例,衣片尤其是前衣片一般是不允许随意收省、打褶或开刀,这也是区别中西式服装在结构版型上最大的不同之处。因此,必须保持中国传统服装衣片结构的完整性,做到整件新唐装不收一只省和不打一个褶。

我国服装界对传统服装结构制版方面的理论研究并不多,尤其是对于特殊体型方面的结构制版研究基本是个空白,没有现成的参考资料或实物。经过集思广益,反复推敲和多次实验,我们首先完成了新唐装基本体型结构制版的设计方案(图3.20)。

在新唐装基本型结构制版设计方案中,突破了传统服装平面连袖和衣身不可分割的限制,进行了前、后衣身分割,衣身与袖子分割。将传统二维平面直线造型转化成三维立体曲线造型,使新唐装成形后具有三维立体视觉效果。同时兼容并设法体现了中西方服装文化的部分内涵——立领、对襟、装袖。在此基础上,为了保持衣片的完整性,设计的整件新唐装结构制版中不收一只省、不打一个褶。后来在正式实施为每位领导人的服装具体制版时，规定了以下技术要求：所有的男装不管规格尺寸有何差异，肚围有多么大，前衣片不收省、不打褶、不开刀，后衣片允许背缝拼缝，但也不收省、不打褶。

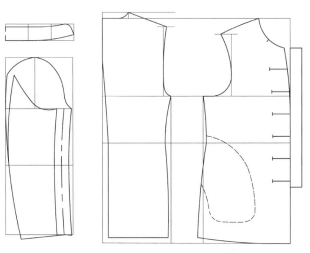

图 3.20　新唐装基本型结构制版

五、特殊体型制版

肚围大体型者的规格尺寸是怎样进行结构制版设计，又如何做到了不收一只省和不打一个褶的，才能既解决肚围大的难题，又合理地保留中国传统服装衣片结构完整性。针对这些难点问题，通过反复论证和技术攻关，我们最后对新唐装特殊体型结构制版做了如下的设计。

1.增大前衣片门襟止口上段劈门量

借鉴中山装门襟止口劈门的原理，在前衣片门襟止口处（领口至腰节之间）增量加大劈门量。新唐装基本型结构制版前衣片门襟止口上段劈门量控制在 2cm 左右，与中山装劈门量基本相同。新唐装对于肚围大体型者考虑适量加大劈门量，凡肚围超过一定的数值，就需要增加劈门量 0.5cm，最大肚围体型者门襟止口上段劈门量达到 3.5cm 左右。

2.增加前衣片门襟止口下段劈门

设计灵感来源于西装结构制版，前衣片圆下角止口劈门的原理。由于增加了前衣片门襟止口下段的劈门，既解决了肚围大部位的宽松量，同时又能防止门襟下段可能产生的搅盖重叠等现象。但前衣片门襟止口下段的劈门量不能随意无限加大，一般只能控制在 1 ~ 2cm 为宜，这也是通过反复实验论证后才确定下来。

3.提高前衣片下摆处起翘量

在常规服装结构制版设计中，前衣片下摆处的起翘量大多只是个定数，没有多大变化。参考肚围大体型者的西装结构制版设计原理，其解决肚围大问题主要手段是通过增收肚省来实现的，肚围越大肚省也就收得越大，当然所形成的起翘量也就越高。受到西装收肚省原理的启发，举一反三，新唐装结构制版设计中大胆地提高了前衣片下摆处的起翘量，这时的起翘量不再只是一个定数，而是一个变数，通过反复实验论证，起翘量变数的基本范围控制在 2 ～ 7cm。当然，若起翘量取最大值为 7cm，则其中 2cm 必须增加在下摆处的衣长范围之内，以满足肚围大体型者的需要。

4.加放摆缝围度

由于提高了前衣片下摆处的起翘量，连锁反应必须加放摆缝围度。加放摆缝围度的目的，就是为了满足提高下摆起翘量后所产生的摆缝处肚围量不足的矛盾，这也是解决肚围大体型者的重要技术手段之一。但是，加放摆缝围度也不宜过大，一般摆缝肚围处测量后按净尺寸加放 10 ～ 14cm 的放松量为宜。肚围大体型者，一般臀围不会很大，如果加放摆缝围度过大，下摆就会产生波浪现象。有些肚围大体型者虽然肚围较大，但臀围却反而比较小，因此摆缝就不能随意放大，摆缝放大后下摆处更容易产生波浪。因此加放摆缝围度必须因人而异对症下药：①肚围大、臀围大体型者，前、后衣片摆缝围度可同时放大，并将后衣片背缝下部放出 0.5 ～ 1cm；②肚围大、臀围小体型者，摆缝围度要确保肚围量；或者前衣片摆缝围度尺寸适当放大，后衣片摆缝围度尺寸适当改小。

5.确定前、后衣片围度比例分配

由于肚围大体型者一般前胸部及腹部较肥大甚至很凸出，而背部则显得较为平坦，同时肚围大体型者两手多数朝后倾斜。因此，必须重新确定前、后衣片围度的比例分配，即前衣片胸围与肚围的比例要明显大于后衣片的比例。根据一般肚围大体型者的特点，采用了 1/4 比例分配法，并通过前加后减 3cm 来调整前、后衣片的数据。针对部分肚围特大体型者的需要，前、后衣片围度的加减幅度可以在 3.5 ～ 4.5cm。

6.调整和加大横开领数据

新唐装的领子是典型的中国传统中式立领款式，肚围大体型者必须随着门襟止口劈门量数据的调整，相应调整横开领数据，这也是解决肚围大问题的方法之一。由于在前衣片门襟止口处加大了劈门量，使得前衣片横开领也必须重新调整并相应移出，同时还可以稍微增大横开领的数值，一般控制增加 0.3 ～ 0.8cm 的范围。

7. 调整前、后衣片长短尺寸差异数值

正常体型者的前、后衣片差异数值一般 2cm 左右，而肚围大体型者的前、后衣片长短差异数值较大。从实际情况看，3 ～ 4cm 的差异数值只能算一般肚围大体型，6 ～ 7cm 差异数值才能称得上真正意义上的肚围大体型。合理地控制并确定前后衣片长短尺寸差异数据，这一点关系到整件新唐装前、后衣长平衡的视觉效果。

通过上述七个方面的考虑和对策，最终完成了肚围大体型者结构制版的设计，与基本型结构制版对比有着显著的改进与区别（图 3.21）。其中实线部分为基本型结构制版，虚线部分为肚围大体型者结构制版。

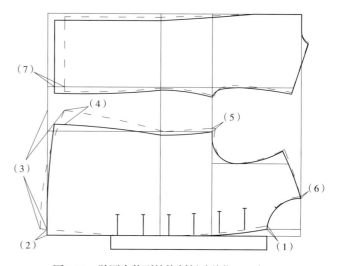

图 3.21　肚围大体型结构制版（单位：cm）

在新唐装结构制版设计中，从理论和实践上解决了肚围大体型者的服装尺寸如何进行结构制版设计的难题，做到整件新唐装中不收一只省和不打一个褶，这既保留了中国传统服装衣片完整性的古朴魅力，又创新了新唐装与时俱进的时尚理念。

第四节
桑蚕丝与铜氨丝 *

享有"纤维皇后"美称的桑蚕丝与环保元素的铜氨丝交织的产品，具有光泽亮丽、手感柔滑、穿着舒适等良好性能的特点。桑蚕丝与铜氨丝交织技术重点解决了桑蚕丝在高经密情况下耐磨性的缺陷，铜氨丝染色后丝线起毛、强力下降导致织造困难的处理，以及寻找织造过程中两种原料对环境湿度的平衡点等关键技术难点。

一、纤维特性

桑蚕丝的主要成分为蛋白质并含有多种氨基酸，它具有美丽的外观而且透气性、吸湿性均符合人体所需。桑蚕丝与羊毛同为蛋白纤维，但是桑蚕丝的形态为长丝而且单纤纤度比羊毛细得多，只有 1.2 ~ 2.4D 左右，既能织成薄如蝉翼的羽纱，又能织成色彩斑斓的厚型织锦。用桑蚕丝纺织成的面料制作成服装与人体有很好的亲和力，是公认的传统服装上品衣料。但由于桑蚕丝的养殖受地域的限制较多，资源相对于其他纤维比较贫乏，如要织成厚实的外套面料，其成本价格较高。

铜氨丝的纺制是将棉短绒等天然纤维素原料溶解在氢氧化铜或碱性铜盐的浓氨溶液内，配成纺丝液，在凝固浴中铜氨纤维素分子化学物分解再生出纤维素，生成的水合纤维素经后加工即得到铜氨丝。由于用作铜氨丝纺制的氢氧化铜溶液在纺丝后可以全部回收，对环境不会造成污染。因此，铜氨丝的生产过程较为环保，且产品的特性又比较符合人们对服装的要求。

1. 单纤旦数

在多种常用纤维素纤维中，铜氨丝具有较细的纤维旦数，以 120D 为例。

桑蚕丝单纤旦数约 1.2 ~ 2.4D 铜氨丝；单纤旦数约 1.7D；棉单纤旦数约 1.7D；羊毛单纤旦数约 1.7D；粘胶丝单纤旦数约 4D；醋酸丝单纤旦数约 4D。

2. 光泽效果

同样规格（粗细）的纤维中铜氨丝有较多的纤维根数，所以能对光形成较强的漫反射作用，尤其是铜氨丝染色后，经过光的漫反射色彩更加鲜艳纯正、光泽柔和，给人们的视觉带来亮丽的感觉。

---

* 本节内容选自上海《上海纺织科技》杂志 2009 年第 5 期徐明耀、丁锡强《桑蚕丝／铜氨丝交织技术研究及其产品开发》，编入本书时略做了修改。

3. 肌肤手感

由于铜氨丝纤维单纤较细，单位丝线内的根数较多，因此肌肤和手感都比较柔软舒适。加上具有抗静电的功能，即使在干燥的气候下穿着仍然具有良好的触感，可避免产生闷热不舒适感。

4. 服用性能

纤维素纤维的性能决定了纤维素纤维具有良好的透气吸湿功能，而铜氨丝的多孔性决定了其透气排汗功能更在其他纤维素纤维之上。选用铜氨丝交织面料设计服装，其耐磨性、吸湿性、悬垂性俱佳，因此选用铜氨丝交织面料设计的服装，适用范围较广，穿着服用性能甚佳。

多种纤维性能比较见表 3.8。

表 3.8　多种纤维性能比较

项　　目	桑蚕丝	铜氨丝	粘胶丝	棉	羊毛	醋酸	涤纶
干强（cN/dtex）	3.6~4.9	1.9~2.5	1.6~2.6	3.3~5.3	1.1~1.8	1.3~1.5	4.8~5.5
湿强（cN/dtex）	2.8~3.9	1.1~1.5	0.8~2.0	3.6~6.9	0.8~1.8	0.9~1.1	4.8~5.5
干伸长（%）	13~15	10~17	15~30	6~10	20~40	22~28	19~25
湿伸长（%）	25~30	17~33	20~40	7~11	30~60	30~40	19~25
回潮率（%）	11	12.5	13	8	15	3.2	0.4
重量（g）	1.37	1.53	1.51	1.54	1.32	1.3	1.38

二、规格参数

纵观上述多种纤维的性能特点，其中桑蚕丝纤度较细且强力较高、耐磨性好，适合用作密度较高的经线；铜氨丝纤度较粗色泽相对桑蚕丝亮丽但耐磨性较差，适合用作纬线。

桑蚕丝是蛋白纤维，通常需在酸性的条件下染色，酸性染料能使桑蚕丝在染色过程中纤维不受损伤，且能保持良好的光泽，但铜氨丝对酸比较敏感，在酸性条件下强力下降明显，因此适合用直接染料或活性染料染色。为了保证两种纤维在织物中均能体现出最佳效果，因此采用色织的工艺（先将桑蚕丝和铜氨丝分别染色然后再交织）是比较合理的方法。

1. 经线

经线	（1/20/22D 桑蚕丝 8T/CM S*2）6T/CM Z 熟色

先将 1/20/22D 桑蚕丝每厘米间距内向 S 方向旋转 8 次，然后再将两根相同的丝并合在一起后向 Z 方向旋转 6 次后形成一根比较平服的具有较好抱合力和耐磨力的丝线，然后再进行脱胶。经过初练与复练，在脱去 20% 左右丝胶后再用酸性染料进行染色，形成了上述工艺的丝线。

2. 纬线

纬线	甲：120D/70F 铜氨丝 3T/CM 色
	乙：120D/70F 铜氨丝 3T/CM 色
	丙：120D/70F 铜氨丝 3T/CM 色

3. 其他参数

经线根数	9 600 根 + 边经 160 × 2 根	成品门幅	75/73.5cm
筘幅	76.6/75cm	提花机规格	1400 号
筘号	32 羽 /cm	实用纹针	1 200 针，棒刀 48 片
上机纬密	102 梭 /cm	目板穿法	48 列 × 50 行

根据织物的组织，考虑到织机负荷，织物为正面朝下织造。

组织	地纹：8 枚经缎，采用一梭地上纹。地纹组织构成如图 3.22 所示
花纹	甲纬纬花背衬乙丙纬 16 枚。甲纬纬花构成如图 3.23 所示
	乙纬纬花背衬甲纬 8 枚、丙纬 16 枚。乙纬纬花构成如图 3.24 所示
	丙纬纬花背衬甲纬 8 枚、乙纬 16 枚。丙纬纬花构成如图 3.25 所示

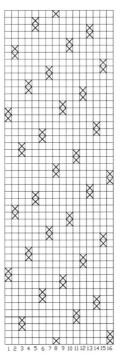

图 3.22　地纹组织构成

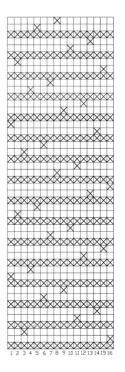

图 3.23　甲纬纬花构成

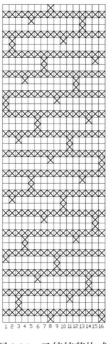
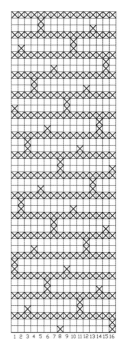

图 3.24　乙纬纬花构成　　　　　　图 3.25　丙纬纬花构成

三、关键技术

1. 桑蚕丝在高经密情况下耐磨性的处理

由于经线密度达到 130 根 /cm，在织造过程中丝线之间的摩擦力相当大，丝线容易起毛、断裂。要使丝线在织造过程中不起毛、断裂，掌握脱胶率是关键。桑蚕丝的丝胶含量占丝的重量为 24% ~ 26%，在一般情况下成品面料中部含有丝胶，如果按常规把丝胶脱尽的话就会给织造带来困难，保留一部分丝胶虽然能使织造顺利进行，但是染色质量较难控制容易造成色花且影响手感。经过反复试验我们发现脱胶率不到 18% 会对染色的均匀性带来风险，而将脱胶率控制在 20% ~ 22% 范围内较为合理。

2. 铜氨丝染色后丝线起毛、强力下降导致织造困难的处理

铜氨丝表面光滑，单纤较细，经过染色后纤维之间的抱合力受到影响，纤维发毛强力下降，造成织造困难。针对这一难题我们对丝增加了一道加捻工序。经过试样，我们总结出每厘米加三个捻度既对丝的外观没有太大的影响，又能达到使织造顺利进行的要求。

3. 寻找织造过程中两种原料对环境湿度的平衡点

在织造过程中刚开始质量并不稳定，经过观察我们终于找到了原因：原来桑蚕丝在潮湿的环境下其强力、耐摩擦力均有提高，而在干燥的条件下容易断头；而铜氨丝正好相反，湿度较大强力下降较大，且伸长较大，影响力绸面效果。原因找到以后，我们对铜氨丝专门进行保燥，让它在车间里放置的时间尽量缩短，随用随取，取得了较好的效果。

4. 抗皱服用效果的改善　　用桑蚕丝和铜氨丝交织的色织提花类产品适合制作外套，这就需要有较好的抗皱功能，而桑蚕丝和铜氨丝与羊毛和合纤相比抗皱效果并不理想，因此我们运用了目前比较流行的免烫抗皱技术对面料进行了处理，使面料的抗皱功能得到了提升改善了服用效果。

四、产品介绍

1. APEC 织锦缎　　25％桑蚕丝与75％铜氨丝交织织锦缎经纬线均采用长丝，并在织造之前先将丝线染色。其织物的结构特点是一组经线与三组纬线交织，正面底纹采用真丝覆盖的缎纹组织，花纹为黄色的铜氨丝。织物光洁、精致，由铜氨丝组成的图案轮廓清晰、质地丰满。铜氨丝交织织锦缎织物特征是地纹细密、花纹精致。纬线采用120D/70F铜氨丝，这使得花纹的光泽比采用其他人造丝织成的织锦缎更加高雅，给人以一种清新脱俗的感觉。面料的图案是由中国国花四朵牡丹花和APEC变体字母组成的团花，APEC团花织锦缎的经线和纬线的染色均采用环保染料与助剂，织物织成后经过防缩抗皱整理，使织物具有较好的防缩抗皱功能，并具有绿色环保的效果。

APEC织锦缎纹样构成如图3.26所示。

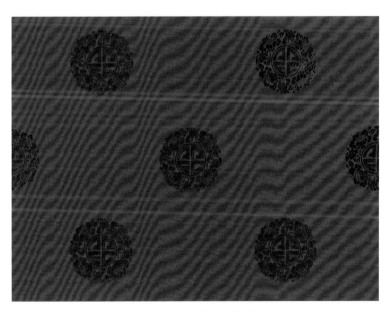

图3.26　APEC织锦缎纹样效果图

2. 彩条罗纹绸　　经线采用七种以上的颜色，色彩鲜艳而亮丽，产品质地厚实，与全桑蚕丝的同类产品相比成本下降20％～30％。

彩条罗纹绸纹样构成如图3.27所示。

彩条罗纹绸规格参数设计如下：

经线	（1/20/22D 桑蚕丝 8T/S × 2） 6T/Z 熟色 × 2 彩条排列	经线数量	14 904+120 × 2
纬线	甲：3/40/44D 桑蚕丝 3T/cm 熟色 乙：120D/70F 铜氨丝 3/cm	成品门幅	138/140
		成品经密	108 根 /cm
纬线排列	甲 2 乙 8	成品纬密	38 梭 /cm
筘号	18 羽 /cm	重量	29 姆米
穿入数	6 根 / 羽	组织	罗纹（图 3.27）
筘幅	138/140cm	提花模式	多臂提花机
上机纬密	38 梭 /cm	总片数	16 片

考虑到提花机在织造过程中的负荷，采用正面向下织的方法。

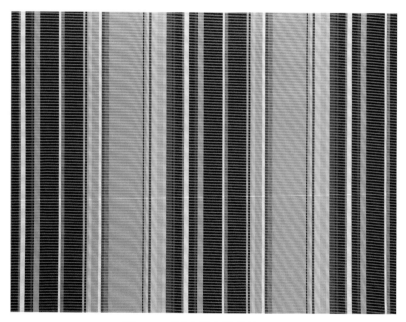

图 3.27　彩条罗纹绸纹样效果图

　　充分利用桑蚕丝和铜氨丝各自的性能特点，完成交织的色织提花产品，从而使桑蚕丝与铜氨丝交织产品从外观及对人体的舒适性上均有优异的服用功能。铜氨丝在纺造过程中的环保特点更加符合当今社会提倡环保与健康的理念。因此，桑蚕丝与铜氨丝交织产品具有非常广阔的前景，是高档服装面料的首选。

第五节
穿着与保养 *

新唐装作为唐装家族中最经典的代表款式，受到广泛关注并已载入史册。"唐装"两字现已成为现代中装的代名词，并发展成为一种新的服装品类。本节为了表述方便，将新唐装简述为唐装。

面料上乘、款式新颖和制作一流的唐装适宜在多种场合穿着。在正式场合与非正式场合穿唐装不仅是时尚，还是一种文化内涵和修养的综合反映。唐装男女适合，高低肥瘦皆可，既能使一个平淡普通的女子变得婀娜多姿，也能使某些不习惯穿西装的中老年人变得富贵慈祥。随着穿唐装的人越来越多，关于如何选购定制唐装，如何穿着搭配，如何保养洗涤，成为人们需要关心和了解的话题。

一、品种分类

唐装自 2001 年上海 APEC 会议后开始流行，至今已有二十余年。多年来，唐装品种款式发展迅速、变化繁多，让人眼花缭乱。为了进一步了解唐装，我们可以对唐装品种做一个分类。

1. 装、衫、袄类

唐装有装、衫、袄等类别，这是唐装品种中最基本的三个类别。

装一般由面料、里料和衬料三层材料组成，主要是指夹唐装。衫一般由一层面料组成，主要是指单唐装。袄是在面料与里子中间增加填絮材料，主要是指棉唐装。

对于装、衫、袄类的唐装，还可以从以下几个方面细分。

（1）从衣长上分

有偏短（衣长至肚脐）、短（衣长至臀部）、长（衣长至手臂垂直后大约手掌虎口处）和偏长（衣长至膝盖）。

（2）从衣襟上分

有对襟、暗襟、斜襟、偏襟、曲襟（琵琶襟）和一字襟；男子一般多选择对襟和暗襟，女子既可以选择对襟，也可以选择斜襟、偏襟和其他衣襟等。

（3）从领子上分

有立领、圆领（或称无领）、敞领和翻领等；立领还可以分高立领、中立领和低立领。

（4）从袖子上分

有连袖与装袖，长袖、中袖和短袖，窄袖、宽袖和倒喇叭袖等。

* 本节内容选自北京《服装设计师》杂志 2002 年第 7 期丁锡强《唐装的穿着与保养》，编入本书时略做了修改。

（5）从盘扣上分

有直脚扣与花扣；男子一般选用直脚扣，女子既可以选用直脚扣，也可以选用花扣。

2. 其他类

其他类的唐装是指在装、衫、袄这三类唐装款式的基础上，再次进行设计，包括吸收其他服装的元素，对唐装某些部位的局部细节进行调整。因此，唐装款式将会日益增多，变化多样。如果再配合选用各种不同材质和色彩的面料，展现在人们视野中的唐装将会五彩缤纷、千姿百态。

二、穿着搭配

唐装的穿着与搭配和其他服装一样，有一定的规范和要求。

1. 唐装穿着

唐装穿着可以分为正式场合和非正式场合两种。

（1）正式场合

正式场合一般是指参加节庆典礼、进行外事出访、出席隆重会议和举行婚礼宴会等。

正式场合穿着的唐装可以挑选面料上乘（如织锦缎类）、色彩明亮、款式庄重和做工精湛的唐装。穿着时必须将所有盘扣系好，如考虑要穿内衣，则唐装内可加一件立领衬衫。立领衬衫领子可以在唐装领子的基础上露出 0.5cm 左右，但衬衫袖子不能外露，单独穿立领唐装衬衫下摆一般不宜系进裤腰内。

对外交往穿唐装、喜庆场合穿唐装、敬老做寿穿唐装，现已成为越来越多人的共识。

（2）非正式场合

非正式场合一般是指朋友聚会、外出旅游、闲逛散步和居家生活等。非正式场合穿着的唐装可以挑选丝绸、棉麻类等一般面料，色彩以素色为主。穿着时，唐装领子部位的盘扣可扣可不扣，以求舒适。尤其是对襟连袖唐装，宽松不紧绷，随意和方便，很适合于中老年人穿着。无论是朋友聚会、外出散步、居家休息，对襟连袖唐装都很适宜。

非正式场合穿唐装的方法没有固定的模式，以方便为主。以下有两种穿着方法可供选择：①唐装领子下的第一粒盘扣可以不扣，并系一条丝绸围巾；②唐装所有盘扣可全部不扣，但建议内穿立领唐装衬衫且将衬衫盘扣扣好，立领唐装衬衫领子下的第一粒盘扣可扣可不扣。

2. 唐装搭配

唐装搭配一般是指上衣和下装的搭配，以及与帽子、围巾、腰带、鞋袜和提包等服饰的搭配。要想达到理想的搭配效果，必须结合每个人的具体情况和实际需要，使唐装搭配合理恰当，才能穿出优美格调，取得满意的结果。

（1）男装搭配

上身穿唐装，下装配西裤。

由于男子唐装的款式相对比较单一，唐装的搭配变化先要根据唐装本身的面料、色彩和花型，再考虑怎么搭配。

在正式场合，上穿唐装下配裤子，以西裤为首选。裤子面料可以选用呢绒料或化纤类料等，颜色可以略深一点。裤子款式可以稍微宽松一点，裤脚口可以做成翻贴边，这样看上去会感觉稳重大方。脚上可以穿皮鞋、布鞋，但不建议穿运动鞋。在服饰品方面，男子以简洁为主，一般不必佩戴饰品。

非正式场合，下装的搭配可以根据个人的自身情况决定。一般情况下，男子还是西裤，但款式不拘。普通西裤、宽松西裤都可以，面料也可稍次之。

（2）女装搭配

女子下装搭配选择西裤和裙子均可，面料除了选用呢绒料或化纤类面料外，裙子还可选用织锦缎料和其他丝绸料等。

第一种：上身穿唐装，下装配西裤。体型小巧的女子，上身可穿紧身合体的短唐装下配长裤，因为长唐装会过多的遮盖住躯体，使体型小巧的女子会被感觉似淹没在长唐装之中，而穿短唐装和长西裤能帮助把身材"拔高"一些。瘦高细长的女子上身可穿稍微宽松并且衣长过臀的唐装，这样会在视觉上有增加宽度和降低高度的感觉。

第二种：上身穿唐装，下装配裙子。唐装与裙子的面料、颜色、形式等搭配多种多样，可以同料同色，也可以异料各色。青年女性喜欢短裙，简洁利索，能展现女性腿部的曲线和青春活泼，较流行的有紧身短裙、无腰裙、A字裙和迷你裙等；中老年女子多喜欢穿长筒裙和旗袍裙，以衬托出中老年女子的端庄稳重。上班族职业女性多穿裙长不过膝的西装裙，此时则更应该把注意力放在唐装和西装裙长短的搭配上，如可以长唐装配短裙或短唐装配长裙。

这里介绍正式场合女子穿着唐装的另外一种搭配：上身穿紧身合体唐装，下配一条百裥长裙。这种穿法在20世纪三四十年代较为流行——袄裙，是典型中国传统女子的装饰打扮，很适宜在正式场合下穿着。

第三种：上身穿唐装，下配牛仔裤或皮裤。此种搭配属于前卫时髦型，适合于喜欢时尚的女子穿着。如身材苗条、个子修长的女子，往往还能穿出时装化的搭配效果。

以上女装的几种搭配还都可以配上其他服饰品，如皮鞋、围巾、眼镜、提包等；同时还应注意发型和妆面，要充分利用并根据自己的特点和爱好，精心搭配，将自己打扮得更美。

三、选购定制

唐装的选购与定制应根据每个人的实际情况和不同需求，如年龄、身高、体型及季节、民族、地区、职业、习惯等。唐装的选购和定制有八字基本要诀可供参考："男子宽松、女子合体"。

1. 男子宽松

中国男子穿着传统服装向来喜好宽松大方、舒展自如，男子穿唐装的主体风格也应该遵循这个基调。在购买或定制唐装时，尺寸不能太小，一般唐装的衣长可比西装的衣长略长 2 ~ 3cm；胸围尺寸也应相应大一点，一般紧胸围加放松量 16 ~ 20cm；领子由于是立领款式，尺寸不能太小，一般是紧领围加放松量 4 ~ 6cm；袖子也该长一些，袖长可到虎口处。

2. 女子合体

中国女子穿着传统服装基本上以旗袍为主要代表，而旗袍最大的特点是尺寸得体合身。女子穿着唐装也沿袭穿旗袍这一特点，但尺寸要比旗袍稍大，选购和定制唐装时的尺寸基本上是以合体为首选目标。一般女子唐装衣长与西装衣长基本相同；胸围尺寸不宜太大，一般紧胸围加放松量 10 ~ 14cm；特别提醒中年女子不要忘了下摆尺寸，一般是紧下摆加放松量 8 ~ 10cm；领子尺寸不能过小，一般是紧领围加放松量 4 ~ 6cm；袖子也该长一些，袖长可到手腕下 3cm 处。只有穿上尺寸合体的唐装，才能充分衬托女子曲线美的身材，以示东方女子特有的美感。

3. 青年人忌大宜小

男女青年满 18 岁以后，一般身高体型、胸围腰围发育已经基本定型，并会维持一段时间。因此，青年人选购或定制唐装时以稍瘦略短紧身为好，这样穿着时会显得精神、利索，而且还能体现出青年人健康的体型之美。但也绝对不要小得"贴肉"，过分紧身的唐装对青年人生活学习和工作还是不利的。

4. 中老年人忌小宜大

中老年人选购或定制唐装时应考虑稍大偏长、宽松一点为好，这样不仅穿着方便、舒适，而且显得庄严、大方和稳重。同时，一些中年人随着年龄的增长，身体会开始逐步发福，更应该选择尺寸稍偏大一些。

5. 高瘦者忌长宜宽、矮胖者忌短宜窄

高个瘦长者一般体型都是修长而胸背平扁。选择唐装时，衣长可稍短一点，胸围宽大一点，这样可以掩盖高瘦细长者的缺陷。反过来，体型矮胖者一般都是体胖、胸阔、背宽，选择唐装时，衣长要稍长一些，胸围和腰围尺寸要小一些，这样穿在身上后，会使视觉感觉变长。

6. 面料、花型、色彩选择

男子在购买或定制第一件唐装时，以选购丝绸面料为宜，丝绸面料首选是织锦缎。织锦缎的花形基本上大同小异，一般都是团花形和杂花形为主。织锦缎面料的色彩选择余地较大，有红、蓝、绿、棕等，在红色系列中，还有大红、绛红、暗红、玫瑰红等，要根据每个人的喜好而定。从古至今，中华民族一直有崇尚红色的心理情结，红色代表喜庆、吉祥、富贵，因此为大众所认可。

如果已有一两件丝绸面料的唐装，建议不妨尝试一下其他面料，如可以用丝绒料做一件春秋季节穿的唐装，或者用毛呢料做一件冬天穿的唐装。

女子唐装的面料、花形、色彩选购自由度更大，主要还应根据自己的年龄、身高、体型和职业等特点来选择。年轻女子宜穿花形多样、色彩艳丽的唐装，以突出青春活力和朝气；中年女子在选择花形图案面料时，应选择不要太夸张的图案和色彩；老年女子以挑选素色面料为主，带彩色小花形图案的面料也可以尝试；皮肤较黑女子，应尽量考虑穿浅色面料的唐装。总之，女子在唐装选购定制要诀是：面料、花型和色彩多样化加款式时装化。

四、保养、洗涤与熨烫

唐装穿久了或弄脏了就需要保养和洗涤。保养及时，洗涤方法得当，唐装就会光鲜如新，穿着使用寿命会长一些。反之，如果唐装保养不好，脏了之后洗涤方法又不妥，唐装就会黯然失色，使用寿命也就会缩短。

1. 唐装的保养

穿着高档面料的唐装时，不要与坚硬、粗糙物体接触，也不要和带刺利器摩擦，避免产生跳丝、钩毛等现象。平时穿唐装外出回到家里，应及时把唐装脱下并挂在弧形衣架上，以保持唐装的垂直平整性，不宜随便乱扔乱放。

由于唐装选用的面料是以丝绸面料为主，而丝绸面料主要是由蚕丝纤维织成。因此，从严格意义上来说，丝绸面料也是有生命迹象。丝绸面料的生命系统便是一根纱、一缕丝之间的空隙，而保持洁净的空隙能使它们经常呼吸到新鲜空气，以保持干燥和整洁，增强生命力。所以说，不管唐装穿与不穿，始终应该保持唐装表面的干净整洁。

穿了几次后的唐装，最近不准备穿了，先要晾在通风处，一般2小时以上，然用弧形衣架将唐装垂直挂进衣柜里。挂在衣柜里的唐装与其他服装之间的距离，要保持在3cm左右，切忌拥挤在一起而使唐装变形。

衣柜里的唐装如果不穿，也应该每年拿出来通风一次。不要将唐装长时期放在箱底下储藏，这样做也会使唐装走形、面料发脆。

2. 唐装的洗涤

如果是换季不穿，在准备放进衣柜里之前，必须先将唐装处理干净，晾干、烫好。唐装经过一次或多次穿着后，衣料表面会沾有污渍，这时更应该进行常规的洗涤。洗涤无疑是保持唐装干净，延长其使用寿命的一个重要手段。但是，如果洗涤方法不妥，对唐装的损伤也是不言而喻。

唐装的洗涤方法主要有蒸汽喷洗、干洗、局部清洗和水洗四种。

（1）熨斗蒸汽喷洗

唐装穿了一次或几次以后，稍粘有灰尘但无污渍的唐装，蒸汽喷洗是一种最简单有效的洗涤方法。可以选择具有蒸汽熨烫功能的熨斗，当熨斗加水通电后，等到熨斗底板下能够喷发出蒸汽时，拿起熨斗放在离唐装衣料2～3cm的高度，沿着唐装的各个部位一寸一寸地去喷洒。让高温水蒸气充分地喷洒在唐装的衣料上，这样唐装的衣料经过蒸汽高温喷洗后，不仅唐装上的一些浮尘、气味会消失，而且还能将皱褶整理消失。如果觉得这种蒸汽喷洗的效果还不够好，则可在唐装衣料上覆盖一块半湿棉布，然后用蒸汽熨斗压在上面，边喷汽边熨烫，目的是将唐装上的脏污吸到棉布上去。这种用熨斗蒸汽喷洗的方法，对采用丝绸、呢绒面料制作的唐装比较适宜。

（2）局部清洗

唐装不要穿一两次就进行清洗，因为每经过一次洗涤，哪怕就是送到专业洗衣店干洗，多少会对唐装衣料有所损伤。如果穿了几次后并不脏，那么可先把它放在通风处凉几小时，唐装上轻微的皱褶和气味就会消失，或者采用熨斗蒸汽喷洗方法清洗。如果唐装上的某些部位偶尔沾上了污渍，那么则该根据污渍的污染情况，采用不同的方法进行局部清洗。比如，唐装某处沾上了油渍，可选用工业汽油，用浅色布料沾些工业汽油后，对准唐装上的油渍处轻擦即可。工业汽油是一种无水挥发性液体，因此不会在唐装上留有痕迹。如果选用洗洁精清洗唐装上的局部污渍，最后还需要用清水细心地进行局部漂洗。选用洗洁精进行局部清洗时，要特别注意防止清水漂洗后水迹印的产生，此方法尽量少用。

（3）干洗

唐装穿了一段时间后脏了，有明显污渍，采用熨斗蒸汽喷洗效果也不行，或者自己不会熨斗蒸汽喷洗操作，这时最佳的洗涤方法是干洗。干洗是利用干洗剂，在干洗设备中洗涤唐装的一种去污方法。经干洗后的唐装不霉、不蛀、不易褪色、不起皱、不收缩，适用于高档丝绸、精纺呢绒制作的唐装。但干洗成本较高，而且必须送到专业干洗店去洗。因为干洗时所使用的一种特殊洗涤剂四氯乙烯有毒，一般家庭不会存放四氯乙烯。但是尽可放心，四氯乙烯是一种挥发性的液体，最终唐装干洗完毕，交到主人手里时，毒气早就没有了。正规的干洗店会根据唐装的污染程度进行干洗处理，基本上可以放心使用。

（4）水洗

水洗是以水为载体并加以一定的洗涤剂和作用力来去除污渍的方法。水洗能去除唐装上水溶性的污垢，而且快捷、经济实惠。但由于水洗后会使面料上的纤维膨胀，加上清洗污垢时的作用力较大等因素，容易导致缝制好的唐装变形、缩水、褪色等，水洗适用于一般化纤面料及无夹里制作的单唐装。

高档的唐装一般都有标明不能水洗和不能洗衣机洗涤的标记，尤其是织锦缎类、精纺呢绒类的唐装。一旦水洗或放在洗衣机内水洗就会走形变样，整件唐装都可能报废。如果唐装确实需要水洗，宜采用合成洗衣溶液为佳，切忌用皂碱溶液浸洗，并且不能用热水洗涤，以免织物褪色。唐装水洗时应洗一件，漂清一件。具体的操作方法是：水洗前，先将唐装放在清水中浸透，然后放置一些合成洗涤溶液浸泡 20 分钟左右。随后用软毛刷顺着面料直丝绺的一个方向，轻轻刷洗，动作要轻快，用力要均匀，以免面料翻丝、断丝或起毛。用水清洗时，则应采取边冲清水边刷洗的办法。为了提高丝绸唐装洗涤后色泽的鲜艳程度，可在最后一次漂洗过程中加放半勺白醋。唐装清洗后，一定不能绞，更不能放在洗衣机内甩干，只能平放后用双手轻轻挤压出水分，并抹平唐装的各条衣缝。

唐装晾晒时一般应置于弱阳光下或通风阴凉干燥处，尽量将衣襟、领角和袖口等处抖松拉平。对较易褪色的唐装，应将褪色面向外，使其快干，绝不能曝晒或用火烤干。此外要注意唐装水洗后的缩水率，一般丝绸面料制作的唐装，其缩水率较高，建议尽量不要水洗。

3. 唐装的熨烫

面料上乘的唐装熨烫，最好采用蒸汽熨斗，不能采用普通熨斗直接在唐装衣料上熨烫。如果要用普通熨斗熨烫，唐装衣料上一定要垫上干、湿两块烫布。有条件的还可以在蒸汽熨斗上罩一个熨斗套，熨斗套可以降低熨斗和唐装衣料之间的接触温度，使面料被烫黄烫焦的危险降到最低。有特氟尼涂层的熨斗套还可以防止极光产生，并能使熨斗在面料上熨烫移动时平滑自如。当然，熨烫唐装时最关键还是要从温度、湿度、压力和时间这四个因素去考虑。

熨烫温度太低，达不到热定型的效果；温度过高，会使衣料颜色变黄、手感发硬，甚至熔融黏结或炭化。熨烫丝绸衣料唐装的温度一般控制在 130 ~ 160℃，毛料唐装的温度一般控制在 170 ~ 200℃。对于同一纤维原料的衣料，还要根据衣料的质地和厚薄程度，合理地调整和掌握好熨烫温度。比如，丝绸中真丝软缎质地较薄，熨烫温度就可以低一点，采用130℃为宜；而丝绸中的织锦缎，由于质地较厚实，熨烫温度就可以高一些，可采用160℃左右。

熨烫时只有温度，没有水分也是不行，没有水分也会使衣料发生焦煳。因此，熨烫唐装时，应在唐装衣料上垫上一块湿布。一方面，衣料中的纤维遇水会润湿、膨胀、伸展；另一方面，水分子受热迅速气化并产生一定的冲力，能使衣料中的纤维组织重新排列达到平整的效果。熨烫时水分的润湿程度应视衣料的类别而定，一般厚型衣料，水分就需多一点，薄型衣料，水分就可少一些。但不管水分多少，都不宜采取直接喷水的方法，最好还是采用以垫湿布方式。通过熨斗高温熨烫，使所垫湿布上的水分受热汽化后渗透到衣料之上，达到热定型目的。

除了温度和湿度以外，熨烫中还需要施加一定的压力作用，才能使衣料上的纤维按照人们的意愿变形。在了解衣料的质地和性能后，合理设定熨烫的温度和湿度范围，并给予熨斗一定的压力，衣料中的纤维分子遇水膨胀后会往受力方向移动，当温度下降后，纤维分子会在新的位置上固定下来，这个过程就是熨烫能使衣料平挺的原理。熨烫时压力的大小应该根据衣料情况而定，质地厚的衣料，如唐装的首选面料织锦缎等，熨烫压力要大一些；唐装的其他衣料，如软缎类、丝绒类、绉类等，熨烫压力要小一些，甚至不用力，或者只能在衣料的反面熨烫，以免绒毛的倒伏或泡、绉的消失。熨烫唐装缝份、褶裥、贴边等处的压力需增大，加大压力能使其平挺服帖。

熨烫时间是指熨烫过程中的热定型时间和熨烫后的冷却时间。在一定范围内，温度较高时，热定型时间可以缩短，温度较低时，热定型时间可以延长。正确掌握和控制熨烫热定型时间的长短，是为了有足够的时间让热量均匀扩散。同样熨烫后冷却时间的长短，则取决于衣料纤维的结晶程度，一般来说，冷却时间越长，去湿保型效果越好。

唐装熨烫结束后，应立即用弧形衣架将唐装挂起，等水分消失后再放入衣橱内悬挂。如有条件，还可在唐装外加套一个防尘袋，再放入衣橱内悬挂保存。

第
四
章

新唐装
制作工艺

中国传统服装的生产和制作，在过去相当长的一段时间里都是全手工制作的，这是由于当时的生产工具设备条件有限所决定。21世纪的今天，如何将传统服装制作工艺与现代服装制作工艺相结合，这是新唐装制作工艺设计中的一个课题。

新唐装在制作工艺上的设计变化，主要有以下几方面：一是采用现代服装制作时广泛使用的粘合衬工艺，如在前衣片、领子等部位选用粘合衬与衣片进行粘合，目的是使新唐装成型后更加平挺饱满；二是借鉴西服制作中的特色工艺，比如用推、归、拔等特殊熨烫技术对衣片中的某些部位进行适当的归拔处理，以改善人体的曲线造型和弥补人体的某些不足；三是对袖子制作工艺作了改革，主要借鉴了西服做袖、装袖工艺，使袖子成型后更加圆顺服帖；四是采用蒸汽熨烫，防止极光产生和烫黄等现象发生。

《唐装制作方法》发明专利和《唐装结构制版》实用新型专利经中华人民共和国知识产权局审核通过，已被授予专利权（图4.1和图4.2）。

图4.1 《唐装制作方法》发明专利证书　　　图4.2 《唐装结构制版》实用新型专利证书

第一节
新唐装（男装）

一、款式造型

1. 款式图

新唐装（男装）正、反面款式如图4.3所示。

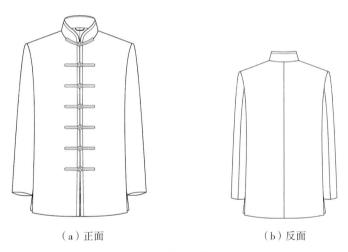

（a）正面　　　　　　　（b）反面

图4.3　新唐装（男装）款式图

2. 造型概述

前衣襟为无叠门对襟形式方下角，右襟格缝有里襟条一根；领型为中式小圆弧立领；前衣襟止口与领口边沿用镶色料滚边，滚边宽度为0.9cm；前衣片两片，不开刀、不收省、不打褶，前衣襟处竖排缝钉七对葡萄头直脚盘扣；后衣片两片，背中拼缝；两片袖型长袖，装袖，肩部内装垫肩；左右两侧摆缝腰间有暗插袋，左右两侧摆缝暗插袋下段开摆衩。

二、制版裁剪

1. 规格尺寸

号型 170/88A：前衣长 / 后衣长分别为 75cm/73cm，胸围为 106cm，领围为 47cm，肩宽为 44cm，袖长为 60cm。

2. 结构制图

新唐装（男装）结构制图如图 4.4 所示。

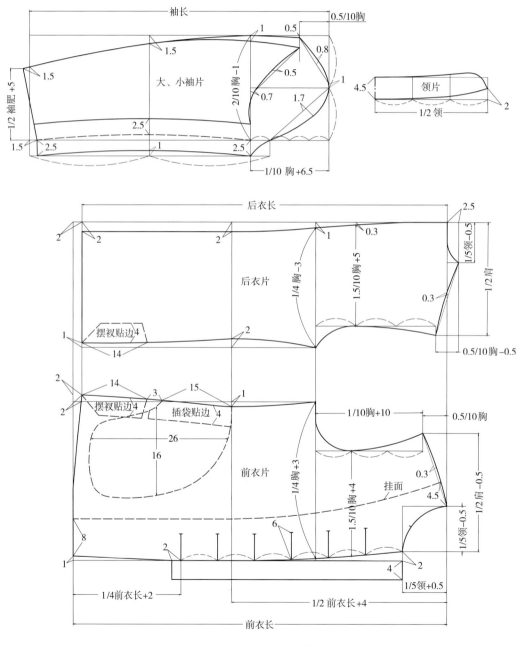

图 4.4　新唐装（男装）结构制图

3.净样放缝　　　　新唐装（男装）结构制图是净样制图，在制版裁剪时必须另行加放缝份。

（1）前、后衣片与挂面

前、后衣片与挂面净样加放缝份如图4.5所示。

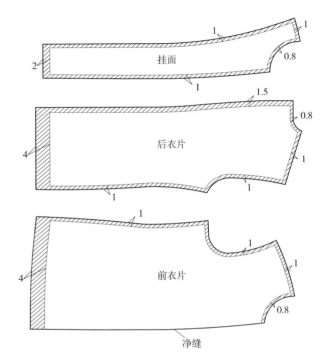

图4.5　前、后衣片与挂面净样放缝

（2）大、小袖片等部件

大、小袖片等部件（里襟条、领子、摆衩贴边、插袋贴边）净样加放缝份如图4.6所示。

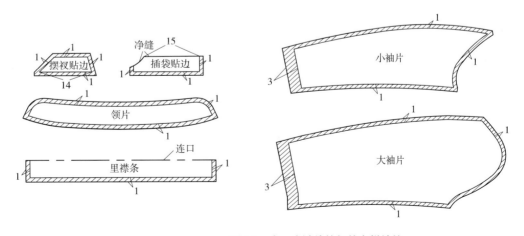

图4.6　大、小袖片等部件净样放缝

4. 夹里放缝

新唐装（男装）采用全夹里结构，因此，夹里放缝必须在先完成净样放缝的基础上，再另行加放或缩短尺寸。

后领里下居中缝钉吊襻带一根；左襟格夹里袖窿摆缝朝下 5cm 处钉成分、洗涤标记一枚；左襟格里袋下 6cm 处居中缝钉商标一枚，商标下缝钉号型标记，里袋垫头下缝钉尺码标记。

（1）前、后衣片夹里

前、后衣片夹里放缝如图 4.7 所示，其中实线部分为前、后衣片夹里放缝结构线。

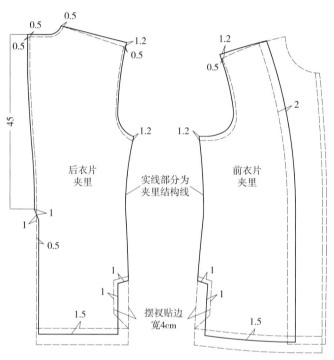

图 4.7　前、后衣片夹里放缝

（2）大、小袖片夹里

大、小袖片夹里放缝如图 4.8 所示，其中实线部分为大、小袖片夹里放缝结构线。

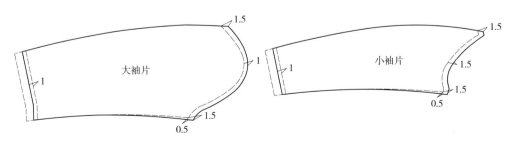

图 4.8　大、小袖片夹里放缝

5. 衬料裁配

新唐装（男装）衬料主要选用有纺粘合衬，少量选用无纺粘合衬，衬料裁配尺寸参考面料衣片裁剪尺寸，并按有关技术要求执行。

（1）前、后衣片衬料衬料

前、后衣片衬料裁配如图 4.9 所示，其中阴线部分为前、后衣片衬料裁配结构线，按面料衣片四周缝份缩进 0.3cm。

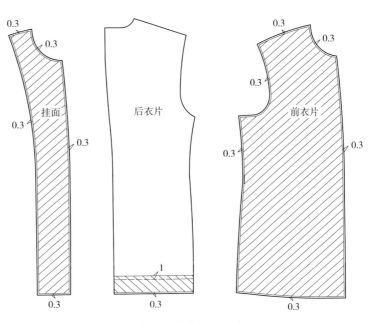

图 4.9　前、后衣片与挂面衬料裁配

（2）其他部件衬料

其他部件衬料裁配如图 4.10 所示，其中阴线部分为部件衬料裁配结构线。面料部件衬料裁配有大小袖口、里襟条、领面、摆衩贴边和插袋贴边，夹里料部件衬料裁配有里袋上下嵌线和里袋三角袋盖等。

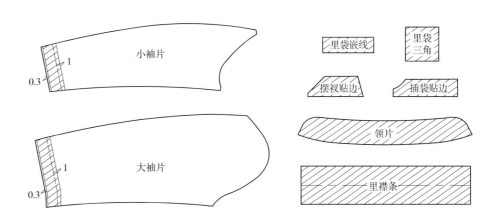

图 4.10　其他部件衬料裁配

（3）牵条选用

前衣襟止口、前肩缝选用宽 1.2cm 半斜粘合牵条，前领圈和前、后袖窿选用宽 1.2cm 直斜粘合牵条，前衣片下摆的前段部分选用宽 1.2cm 直丝粘合牵条（图 4.11）。

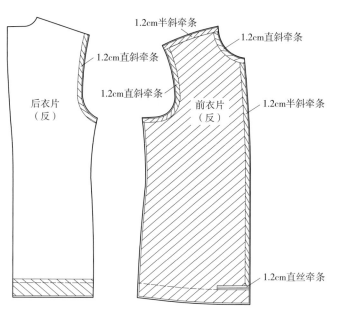

图 4.11　牵条选用

三、操作流程

1. 粘衬

新唐装制作采用粘合衬工艺，目的是增加新唐装整体视觉效果的平挺度和饱满度。

新唐装（男装）粘衬部位有前衣片、挂面、领面、后衣片贴边、袖口贴边等，粘合衬均采用有纺粘合衬。前衣片、挂面、领面与粘合衬粘合时，必须经过专用粘合机高温粘合定型处理。

2. 前衣片归拔

由于新唐装（男装）前衣片造型不收省、不打褶、不开刀，因此必须对前衣片胸部、袖窿、肩部和下摆等部位进行归拔处理。前衣片归拔俗称"推门"，是用熨斗将平面前衣片通过推、归、拔等特殊熨烫技术处理，并热塑定型，使平面前衣片变形，达到符合人体曲线造型的目的。

（1）推烫止口

将前衣片反面向上止口朝外，平放于烫台。用熨斗从领圈止口开始，把衣襟上段止口劈门略归拢，胸部外止口胖势推向胸部中间，胸部中间横直丝绺略伸开，并将伸开后的余量归拢至袖窿凹势处，使胸部呈略微隆起状（图 4.12）。

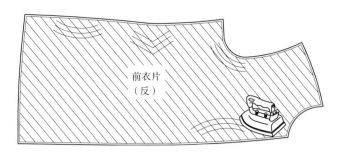

图4.12 推烫止口

（2）推烫肩头

将前衣片转向，使肩缝处朝前平放于烫台。用熨斗把领圈横丝绺弧度烫平，直丝绺向后推斜约0.5cm，随后把肩缝向胸部方向推弯。在外肩袖窿上端约7cm处将直丝拉长伸直，这样外肩就会产生一定程度的翘势（图4.13）。

（3）归烫下摆

将前衣片转向，使下摆朝前平放于烫台。用熨斗将下摆底边处的弧度向上推烫，并将底边产生的余量归拢（图4.14）。

图4.13 推烫肩头　　　　　　图4.14 归烫下摆

（4）粘合牵条

为了使新唐装前衣襟止口、肩缝、袖窿和领圈等处平服不走样，可在这几个部位分别粘上粘合牵条。前衣襟止口、前肩缝选用1.2cm宽的半斜粘合牵条，前领圈、袖窿处选用1.2cm宽的直斜粘合牵条，前衣片下摆的前段部分选用1.2cm宽的直丝粘合牵条（图4.15）。

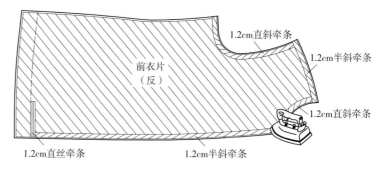

图 4.15　粘合牵条

3. 后衣片归拔

人体背部有两块明显隆起的肩胛骨，背部中间呈凹形，两肩呈斜形。虽然已经在结构制版设计和裁剪上采取背缝困势和肩缝斜度的方法加以修正，但还是不能完全符合人体背部曲线造型。因此，后衣片同样需要采用推、归、拔熨烫技术处理，以弥补人体背部造型的某些不足。

（1）拼缉背缝

把两片后衣片正面与正面对合，手针用棉扎线按后背中缝的粉印，将两片后衣片临时定针，在背中缝上部胖势处，将扎线略为抽紧，然后按照定针扎线印迹，拼缉后衣片背中缝，缉缝 1.5cm（图 4.16）。

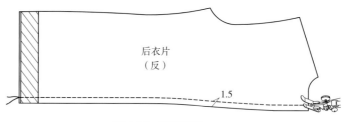

图 4.16　拼缉背缝

（2）归拔背缝

将拼缉好的背缝定针扎线拆除，后衣片反面向上摆缝朝外，平放于烫台。熨斗从后领口起手，把背缝上部胖势由外向里推烫至肩胛骨处，并按直斜丝绺方向将腰节凹势拔出，背缝腰节里口横直丝绺归拢，归拢至 1/2 摆缝腰节处。使背部肩胛骨处隆起，中腰吸进，臀部弹出（图 4.17）。

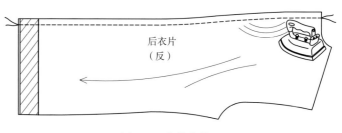

图 4.17　归拔背缝

（3）归拔摆缝

用熨斗把后背袖窿处进行归拔，把产生的胖势推向后背肩胛骨处，以适应人体背部肩胛骨凸起的需要。然后将腰节外口横直丝绺拔开伸长，里口归拢至1/2腰节处，使臀围胖势归拢，腰节凹势拔出，最终将摆缝归烫呈直线状，使腰部吸进，臀部饱满（图4.18）。

图4.18　归拔摆缝

（4）分烫背缝

将后背拼缝分开烫平，背缝上部胖势推向两边肩胛骨处，中腰处伸开，随后在后袖窿粘上1.2cm直斜牵条并烫牢（图4.19）。

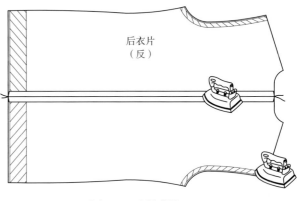

图4.19　分烫背缝

4. 缝缉挂面夹里、开里袋

新唐装内部夹里设计缝制一个里袋，以增加其实用功能。里袋设计安置在左襟格夹里胸部处，式样为双嵌线带有三角袋盖。

（1）缝、烫里襟条

新唐装（男装）右襟格衣襟止口处装连口里襟条一根，里襟条反面粘合薄型有纺粘合衬。里襟条净宽4cm，长度上从领口开始，下至前衣襟最下面一对盘扣（即第七对盘扣）装钉位置向下2cm。将里襟条两头缝缉，然后翻出烫平（图4.20）。

（2）拼缉挂面夹里、划里袋位

先将挂面与前衣片夹里拼缉，然后将拼缝朝夹里方向坐倒并烫平。里袋位置：高低离肩缝约30cm，进出离挂面拼缝2cm，里袋口大小为14cm，双根嵌线，每根嵌线宽0.5cm（图4.21）。

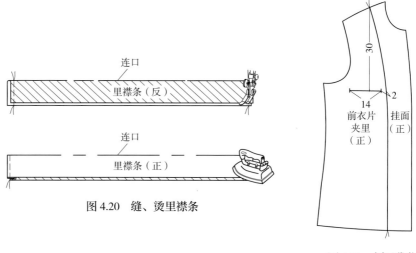

图 4.20 缝、烫里襟条

图 4.21 划里袋位

（3）开里袋

① 里袋部件准备：将里袋的袋布、上下嵌线、袋垫、三角袋盖和小攀等部件材料准备好（图 4.22）。

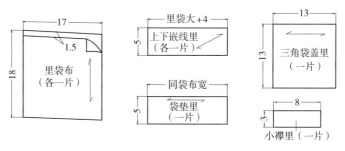

图 4.22 里袋部件

② 三角袋盖制作：先在三角袋盖夹里料反面粘上薄型粘合衬；然后把正方形夹里料反面对折，正面在外；再把两边三角折转；最后划三角袋盖宽度 5cm（图 4.23）。

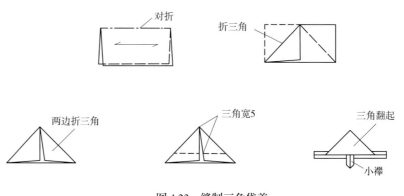

图 4.23 缝制三角袋盖

中华新唐装

③ 里袋制作：先在前衣片夹里反面（上、下嵌线位）粘上长 18cm、宽 4cm 的薄型粘合衬，再将上嵌线、小攀、三角袋盖叠在一起缝缉；然后分别把上、下嵌线放在里袋粉印位置并缉上，缝缉过程时的起针、止针一定要打倒回针；随后剪开袋口，两头剪三角眼刀，并把上、下嵌线朝剪开里口翻转，然后将下层袋布与袋垫一起摆好缝缉，再把上层袋布与下嵌线缉上；将里袋角整理摆放端正，里袋角封口缝缉来回三四道缉线；最后兜袋布，缉缝 1cm，缝缉时上层袋布要松一些（图 4.24）。里袋缝制结束。最终等整件新唐装制作结束以后，在里袋下嵌线边沿处装钉 1.5cm 薄型钮扣一粒，然后用小攀扣住。

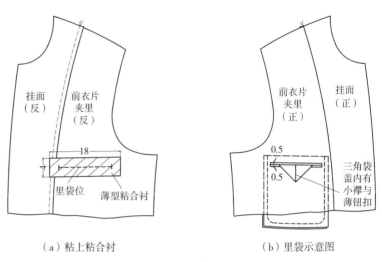

（a）粘上粘合衬　　　　　　　　（b）里袋示意图

图 4.24　里袋解剖图

5. 做摆缝与插袋

新唐装（男装）左右两侧摆缝腰间有暗插袋，暗插袋的袋口大 15cm；左右两侧摆缝下段开摆衩，摆衩长 14cm。摆缝与插袋缝制方法如下。

（1）缝缉摆缝

可先缝制左侧摆缝插袋。将后衣片摆缝放在下层，前衣片摆缝放在上层，前、后衣片摆缝上口对齐。摆缝缝缉时，从摆缝袖窿处起针至插袋上口倒回针，留出插袋口 15cm，然后在插袋下口起针再缝缉 3cm 倒回针，下段留出净长 14cm 为摆衩长度（另有下摆贴边宽 4cm）。摆缝缉缝 1cm（图 4.25），摆缝缝缉好后，将摆缝缝份分开烫平（图 4.26）。

（2）裁配插袋布

插袋布按照裁剪净样四周放缝 1cm（图 4.27a），裁配前、后插袋布共四片（图 4.27b）。把插袋贴边里口扣光或锁边，然后将插袋贴边缝缉在后侧插袋布上（图 4.27c）。

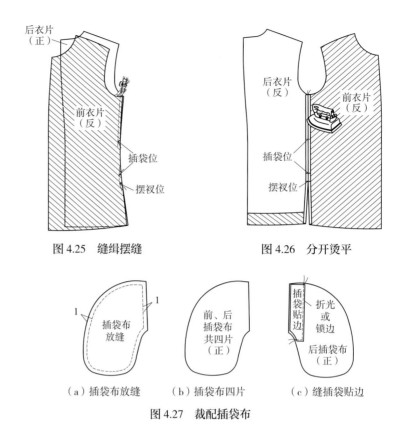

图 4.25 缝缉摆缝   图 4.26 分开烫平

（a）插袋布放缝   （b）插袋布四片   （c）缝插袋贴边

图 4.27 裁配插袋布

（3）缝缉前插袋布

把前衣片放在下层，后衣片放在上层，接着将前插袋布缝缉在前衣片插袋侧缝处，缉缝 0.4cm（图 4.28），缝缉好后把前插袋布摊开烫平（图 4.29）。

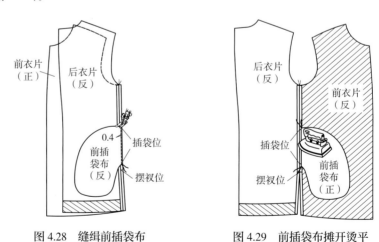

图 4.28 缝缉前插袋布   图 4.29 前插袋布摊开烫平

（4）缝缉后插袋布

将衣片转向下摆朝上，然后把后插袋布缝缉在后衣片插袋侧缝处，缉缝 0.4cm（图 4.30）。缝缉好后，把前、后插袋布摆放平服，按照插袋布缝份兜缉一周，缉缝 1cm（图 4.31）。

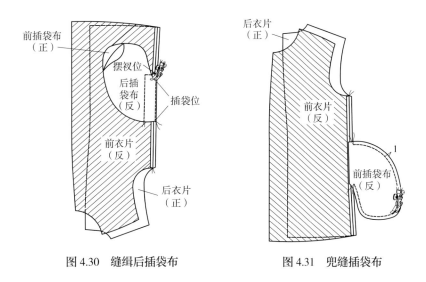

图 4.30　缝缉后插袋布　　　　　　图 4.31　兜缝插袋布

左侧摆缝插袋缝制完成后，再缝制右侧摆缝插袋。

（5）插袋布粘合固定

左右插袋缝制完毕后，将前、后衣片的摆缝缝份再次烫平，同时把插袋布依附在前衣片上，并用双面粘合牵条粘合固定（图 4.32）。

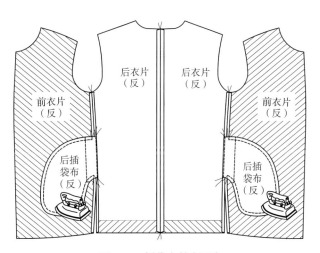

图 4.32　插袋布粘合固定

6. 滚边

新唐装（男装）在前衣襟止口、领口边沿采用镶色料滚边，用以增加服装立体美感和体现传统特色工艺。为了达到前衣襟止口与领口边沿处滚条对称、美观和完整性，这两处滚条不允许出现有拼接缝份。在前衣襟和领口滚边时，必须分段进行滚边，即将前衣襟止口和领口边沿分开滚边，然后再缲领子。通过分段滚边处理后，能把滚条拼接缝份放置在领子与领圈的缲领缝份中，最后新唐装成型后，手工缝订盘扣时把滚条拼接缝份遮掩盖住。

（1）裁剪滚条

裁剪滚条方法参见第五章第一节滚边相关内容。

（2）扣烫滚条

裁剪滚条宽度约 2.7cm，将回纹花形滚条料按花型对折烫平，然后扣烫滚条边沿缉缝缝份，缉缝宽度为 0.6cm，再扣烫滚条宽度为 0.9cm，剩余宽度用作下一个缉缝缝份及折转时的里外匀（图 4.33）。

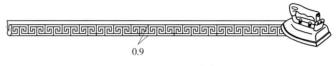

0.9

图 4.33　扣烫滚条

（3）缝缉前衣襟止口滚条

将扣烫好的滚条放置在前衣片止口上，滚条从左襟格方角止口处开始缝缉一直缝缉到领圈，然后再缝缉右襟格滚条；要求滚条顺直、宽窄一致、左右对称、衣襟止口回纹花形对齐。在缝缉右襟格滚条后，将里襟条夹在其中与挂面缝缉在一起（图 4.34）。

图 4.34　缝缉前衣襟止口滚条

7.缝缉摆衩与底边

（1）缝缉摆衩

新唐装（男装）摆衩净长为 14cm，摆衩贴边宽为 4cm；把前、后衣片夹里与摆衩贴边缝份对齐后缝缉，然后烫平。

（2）缝缉挂面横头

缝缉底边前先确定前、后衣片的长度，将挂面与前衣片正面相对，然后按底边宽度缝缉，修剪整齐后翻转。

（3）兜缉前后衣片底边

先将后衣片夹里背中缝拼缉好，兜缉底边时将夹里翻转；先兜缉里襟格，对准下摆贴边与夹里定位标记，然后离挂面1cm处开始起针，兜缉时夹里应略微拉紧，但同时也要防止把下摆贴边拉还。

（4）翻烫底边

手针用棉扎线将下摆底边折缝临时定针，再把底边夹里与衣片底边放平，手针用本色线把底边内缝份与前、后衣片甩针缲缝。之后，将临时定针扎线拆掉，底边翻转；然后将挂面接口、摆衩夹里缝份折叠，用手针临时定针固定，待后缲缝（图4.35）。

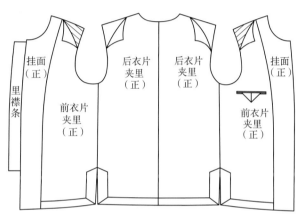

图4.35　缝缉摆衩与底边

8. 做肩

新唐装是立领造型，整个肩部全部外露。因此，肩缝虽短（14cm左右），但却是关键部位，如果操作不妥，就会出现肩缝起涟和肩部不平服等现象，从而影响新唐装外观造型的美观。

（1）缝缉肩缝

将前肩缝放在上层，后肩缝放在下层（也可将后肩缝放上层，前肩缝放下层），缉缝1cm。缝缉时将肩缝横丝拉挺，这样斜丝就会放松，可以防止肩缝缉还。要求后衣片肩缝曲势摆放准确，缉线顺直不弯曲（图4.36）。

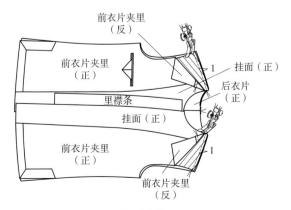

图4.36　缝缉肩缝

（2）分烫肩缝

将缝缉后的肩缝放平，把后衣片肩缝曲势烫匀、烫平；接着将肩缝放在袖窿铁凳上，把肩缝分开烫平，注意不能将肩缝熨烫变形（图4.37）。

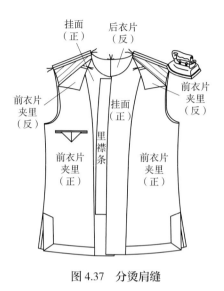

图 4.37　分烫肩缝

（3）缝缉肩缝夹里

分别将前、后衣片肩缝夹里摆放对齐，然后缝缉，缝缉 1cm，之后把肩缝夹里坐倒烫平。

9. 做领

新唐装的立领领子看似简单，但是真正要达到领型端正、左右对称、平挺饱满、里外匀窝服自然等要求，需要花费很多功夫，尤其是领面、里、衬丝缕的确定，领型弧度大小，粘合衬的选择和粘合等操作方法，都有一定的规范要求。

（1）剪净领衬

将领型净样板摆放在树脂粘合衬（树脂粘合衬用斜丝缕）上，用尖铅笔把领型净样划准确，然后剪下来并检查左右领衬圆弧是否对称一致无误差（图4.38）。

图 4.38　剪净领衬

（2）裁配领面与领里

领面选用横料，按领型净样板（或裁好的领衬）裁配，领上口净缝，领下口放缝份 0.8cm（图 4.39a）。领里选用横料或斜料（也可以选用里子料），按领型净样板（或裁好的领衬）裁配，领上口和领下口四周放缝份 0.8cm（图 4.39b）。

146

中华新唐装

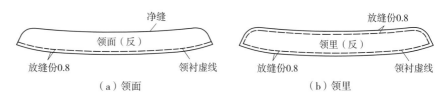

（a）领面　　　　　　　　　　　　（b）领里

图 4.39　裁配领面与领里

（3）领面与领面衬粘合

领面衬选用薄型有纺衬，用熨斗把领面与领面衬熨烫粘合（图 4.40）。

图 4.40　领面与领面衬粘合

（4）领面与领衬粘合

把剪好的树脂粘合领衬放在领面与领面衬已粘合后的领面衬上，放入专用粘合机高温粘合定型（图 4.41）。

图 4.41　领面与领衬粘合

（5）缉领口边沿滚条

将裁剪好的滚条（滚条宽约 2.7cm，不能有拼接缝份）摆放在领面（正面）的边沿，然后按 0.8cm 缝份宽度沿领口边沿缝缉（图 4.42a），接着将滚条修剪整齐后翻转并烫平（图 4.42b）。滚条成型后宽度为 0.9cm。要求滚条顺直、宽窄一致，左右领口圆弧对称。

（a）缝缉领面滚条　　　　　　　　（b）翻转烫平滚条

图 4.42　缉领口边沿滚条

（6）缝合滚条与领里

在领面与领里后中各打一个定位标记，把领面放在上层，领里放在下层，领面、领里正面相对。然后缝合滚条与领里外口缝份，缉缝约 0.6cm。缝合到领子圆弧部位时，要把领里拉紧，使领面、领里产生里外匀窝势，同时将领面、领里后中定位标记对准，缝合到另一侧领头圆弧部位时，同样把领里拉紧。注意，缝合滚条与领里时，缉线不能缉住领衬（图4.43）。

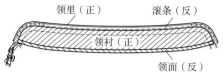

图4.43　缝合滚条与领里

（7）烫领子缝份

将缝合后的领子缝份进行修剪并折缝熨烫（图4.44），然后翻出熨平，并在领面反面的下口划上三个定位标记，即领中缝、左右两肩缝，这三个定位标记，供绱领时应用（图4.45）。

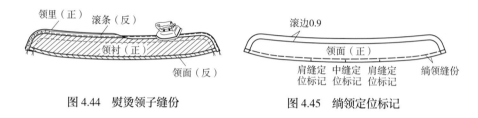

图4.44　熨烫领子缝份　　　　　　图4.45　绱领定位标记

（8）领子成型

熨烫成型后的新唐装（男装）领子如图4.46所示。

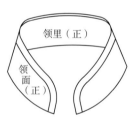

图4.46　领子成型图

10. 绱领

新唐装绱领成型后必须达到的要求是：小圆弧立领竖直登起，领圈外围圆顺平服，领面、里、衬融合服帖；领口正襟、不还口不荡空，领子圆头弧线左右对称，滚边宽度狭窄一致。如果立领领面有花形图案，要求花形图案左右对称，与前后衣片花形图案布局匹配协调。

（1）绱领操作

绱领之前，必须先检查一下立领领子与衣片领圈大小是否匹配，领子长度一般要比领圈长度长0.5～1cm。绱领时，领圈放在下层，领子放在上层，领面与领圈正面叠合，然后从领圈左襟格开始起针绱领（图4.47），对准滚条拼缝，绱领缝份0.8cm，一直到领圈右襟格结束。整个绱领过程不能缉住领衬（否则领子折转时会产生不圆顺现象），缳领过程在后领背中处，把吊襻带同时缝缉。缳领起针时必须打倒回针，缳领完毕后止针时同样必须打倒回针。

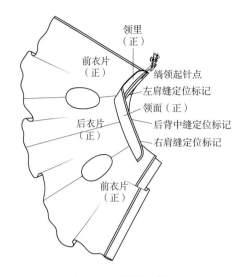

图 4.47　缳领示意图

（2）熨烫及手工

缳领完毕后，把滚条拼接处缝份分开烫平，然后将全部滚条折转烫平，再与挂面缉牢（右襟格还要缝缉里襟条一根），手针将滚条与挂面缝份用本色线与前衣片甩牢，甩针针迹不能太紧（图 4.48）。

图 4.48　缳领成型图

11. 做袖

新唐装袖子造型及工艺借鉴了西装袖子造型和工艺，新唐装袖子的缝制方法与西装袖子的缝制工艺基本相同。

（1）归拔大袖片

将两大袖片（袖口已粘上袖口粘合衬）正面对合后放在一起归拔，在偏袖上端约 10cm 处归拢，在袖肘线处拔开，并将余量归拢至偏袖处（图 4.49）。

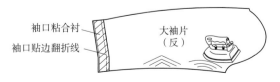

图 4.49　归拔大袖片

（2）拼缉前袖缝

大袖片放在下层，小袖片放在上层，在前袖缝拼缝上部 10cm 处，大袖片略放曲势，中间适当拉急，下端放松，缝缉缝份 1cm（图 4.50）。

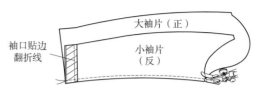

图 4.50　拼缉前袖缝

（3）分烫前袖缝

将拼缉好的前袖缝份分开烫平（图 4.51），然后按袖口贴边折线熨烫袖口贴边宽度。

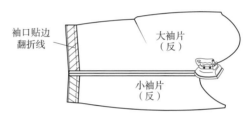

图 4.51　分烫前袖缝

（4）拼缉后袖缝

大袖片放在下层，小袖片放在上层，在后袖缝上端 10cm 处，大袖片要略放曲势，缝缉缝份 1cm（图 4.52）。

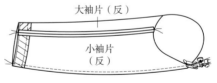

图 4.52　拼缉后袖缝

（5）分烫后袖缝

把"驼背烫板"放进袖子里，分烫后袖缝份时应分上、下两段熨烫，同时将整个袖子熨烫平服圆顺（图 4.53）。

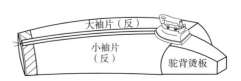

图 4.53　分烫后袖缝

（6）拼缉袖夹里与兜缉袖口

拼缉袖夹里按 0.8cm 缝份缝缉，然后把袖夹里缝份坐倒烫平，后袖缝向小袖片一侧坐倒烫平，前袖缝向大袖片一侧坐倒烫平。兜缉袖口时，先检查袖面的袖口与夹里袖口大小尺寸是否相符，然后将袖面后袖缝对准夹里后袖缝，一个袖口圈兜转缝缉，缉缝 1cm，最后手针将兜缉袖口缝份与袖口粘合衬缲缝在一起（图 4.54）。

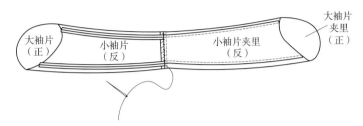

图 4.54　拼缉袖夹里与兜缉袖口

（7）定针袖夹里

把袖面、里反面相对，袖里要适当放松，用双根棉扎纱线从后袖缝袖口上段 4cm 处开始起针，手针定针到上口往下 10cm 处止针，定针间距为 2cm 左右；再定针前袖缝，同样要求袖面紧夹里松，目的是使袖子成型后圆顺、窝服和平挺，然后把袖子翻转，将袖口烫平（图 4.55）。

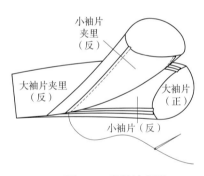

图 4.55　定针袖夹里

12. 绱袖

绱袖是新唐装区别于其他传统服装的重要标志，也是新唐装整个缝制操作步骤中最重要的工序之一。

（1）缝袖山曲势

手针缝袖山弧线曲势，用单根棉扎线离袖山弧线边缘 0.5cm，用纳针针法从前袖缝处起针，缝至后袖缝以下 3cm 左右止针。一般袖子的袖山弧线长度要比袖窿弧线长度长约 2cm（还必须根据原料性能和质地决定）。袖山头处曲势收缩 0.5cm 左右，两边袖山弧线斜势处曲势收缩 0.8cm 左右，前袖缝处曲势略松即可（图 4.56）。

图 4.56　缝袖山曲势

（2）烫袖山曲势

先把手针缝好的袖山曲势整理均匀，然后将袖山曲势放置在袖窿铁凳上，用熨斗将曲势烫平、烫散。

（3）绱袖

绱袖一般先绱左襟格袖子，从袖窿前侧的前袖缝处起针，围绕袖山弧线一圈直至将整个袖子绱完，缉缝 0.8cm。左襟格袖子绱完后，检查一下袖子的前后是否正确、袖山曲势是否圆顺、曲势是否适中、袖山头横直丝绺是否平直、后背戤势是否自然、袖底前袖是否有牵吊现象等。经检查符合要求后，再绱右襟格袖子，要求两只袖子绱袖后曲势准确均匀、左右对称、前后一致（图 4.57）。

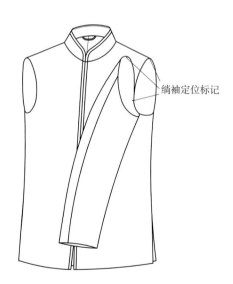

绱袖定位标记

图 4.57　绱袖示意图

（4）缝缉袖窿绒条

选用针织棉或海绵复合绒条（长约 35cm，宽 4cm）从前袖缝处开始起针，到后袖缝处下侧止针。

152

（5）装垫肩

垫肩前短后长，横丝在前、直丝放后。将垫肩对折，肩缝偏后 1cm 居中，后侧垫肩偏离后袖缝袖窿缉线 2cm，在肩缝处垫肩向外偏出 1cm，然后按照袖窿弧线用双股棉扎线采用倒钩针扎牢。接着再从里肩起针到外肩 4cm 处，把垫肩与肩缝滴牢，最后把前半只垫肩与前胸衬滴牢。装垫肩时，应把垫肩放在下面，袖窿放在上面，使垫肩保持足够的松度和窝势。

13. 盘扣

新唐装（男装）在前衣襟处竖排缝钉七对葡萄头直脚盘扣，以体现新唐装鲜明的中国传统服装特征。

（1）做直脚盘扣

制作葡萄头直脚盘扣工艺操作步骤参见第五章第五节盘扣相关内容。

（2）划直脚盘扣位

先确定前衣襟领口处第一对直脚盘扣缝钉位置（绲领缝份之中），再确定前衣襟最下面一对直脚盘扣缝钉位置（离底边距离 =1/4 前衣长 +2cm），然后六等分，将前衣襟处竖排七对直脚盘扣缝钉位置用隐形划粉画在衣襟上（图 4.58）。

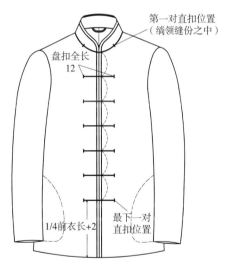

图 4.58　划直脚盘扣位

（3）钉直脚盘扣

葡萄头直脚盘扣的葡萄扣头直径约为 1.2cm，直脚盘扣缝钉组合后全长为 12cm，呈一字形；扣襻缝钉在左襟，扣头缝钉在右襟。七对直脚盘扣间隔距离均等，扣襻与扣头组合后松紧适宜，每对直脚盘扣缝钉整齐、牢固、美观；直脚盘扣左右对称、长短一致（图 4.59）。

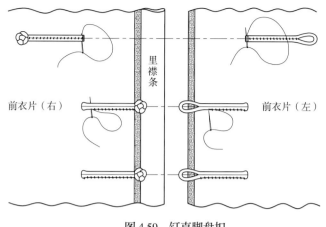

图 4.59　钉直脚盘扣

14.手工

　　以上工艺操作流程中的其他操作，如缲缝领里（图 4.60）、缲缝袖窿、缲缝摆衩贴边、缲缝挂面下角等，都需要由手工完成。

　　新唐装（男装）成品示意如图 4.61 所示。

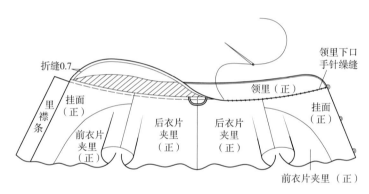

图 4.60　缲缝领里示意图

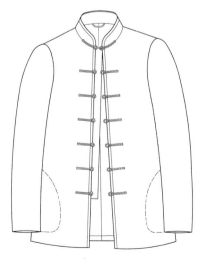

图 4.61　新唐装（男装）成品示意图

15. 熨烫

熨烫是新唐装（男装）缝制工序操作流程中最后一道工序，服装制作讲究"三分做、七分烫"，足以说明熨烫的重要性。

（1）烫夹里

先将底边夹里烫平，前后底边夹里宽窄一致，然后把袖窿夹里放在袖窿铁凳上压烫，再烫前衣片夹里和后衣片夹里（图4.62）。

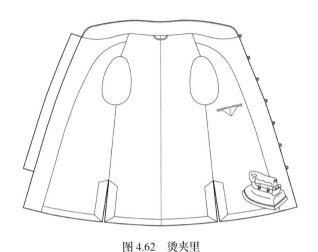

图4.62　烫夹里

（2）烫后背与摆缝

从后背缝下摆开始起烫，先把背中缝烫平，再把两侧摆缝、插袋和摆衩烫平（图4.63）。

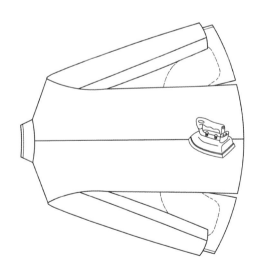

图4.63　烫背缝与摆缝

（3）烫胸部与衣襟止口

熨烫胸部时，必须在胸部下面垫上"馒头"后方可熨烫；然后将前衣襟止口及下摆处烫平，同时注意盘扣四周部位熨烫不遗漏（图4.64）。

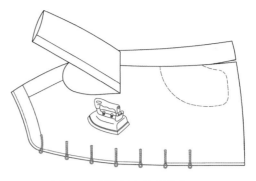

图 4.64　烫胸部与前衣襟止口

（4）烫领子与肩部

把领子放平熨烫，领子部位熨烫完毕后，还应该检查一下领子是否圆顺窝服，同时把肩部熨烫好并检查一下是否平整（图 4.65）。

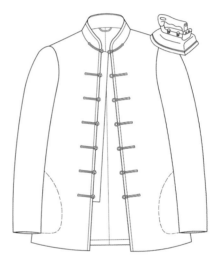

图 4.65　烫领与肩部

（5）烫袖子

先烫袖子后袖缝，再烫袖子前袖缝，烫时注意不能烫出皱印；烫袖山时可以用左手从里面把袖山顶住，然后再用熨斗抹烫袖山平服（图 4.66）。

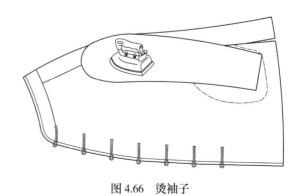

图 4.66　烫袖子

最后将袖子和整个衣身烫平理顺后，再检查一下夹里，如有皱印则需补烫。熨烫完毕后，用弧形衣架将新唐装垂直挂起。

四、质量要求

1. 外观

表 4.1　外观质量检验表

项　目	质量要求	鉴定方法
款式造型	具有唐装造型特征，款式新颖，轮廓清晰，外观平服	穿上人体半身衣架目测
制版裁剪	规格尺寸与人体比例相符，版型结构与局部构成匹配，各部位比例协调合理	穿上人体半身衣架目测
面料色彩	面料选用合适，色感美观视觉效果良好	穿上人体半身衣架目测

2. 缝制

表 4.2　缝制质量检验表

项　目	质量要求	鉴定方法
规格尺寸	衣长偏差在 ±1.5cm，胸围偏差在 ±2.0cm，领围偏差在 ±0.6cm，肩宽偏差在 ±0.8cm，袖长偏差在 ±1cm	尺量
领子	领面平服，领口圆顺不卡脖，领止口滚边顺直平服，宽窄一致；领角圆弧两侧对称、大小一致；立领翘势准确，绱领圆顺、牢固	目测尺量
衣襟止口	前衣襟左右两格止口平服，不起翘、不还口，不搅不豁；前衣襟止口滚边顺直平服、宽窄一致；左、右衣襟长短一致，衣襟下角方正、左右对称	目测尺量
盘扣	扣头紧密结实，扣襻圈大小适宜，扣头与扣襻缝钉位置准确、牢固、整洁；盘扣间距准确，左右对称、长短一致；扣襻钉在左襟，扣头钉在右襟	目测尺量
胸部	胸部饱满、挺括，面、里、衬平服	目测
肩部	肩部平服，不起涟、不起空；肩缝曲势均匀，肩部顺直不后甩，左右两肩对称；装垫肩松紧、进出适宜	目测尺量
袖子	左右两袖绱袖曲势准确、无涟形，袖山饱满圆顺；两袖左右对称，前后位置适宜；前袖缝不翻不吊，后袖缝顺直平服，两袖口大小一致，袖口平服	目测尺量
摆缝	左右两侧摆缝顺直，松紧一致无涟形；插袋不还口，服帖平整；摆衩平服不起翘，长短一致	目测
后背	后中背缝平服、顺直，后背平服方登，后袖窿处有戤势，后背下摆处圆顺	目测
挂面	挂面平服，里襟条宽窄一致，缉缝顺直、松紧适宜	目测
插袋、里袋	插袋、里袋高低位置准确，插袋口不还口，套结封口牢固整洁，插袋布大小长度合适；里袋嵌线宽窄一致，袋口方正整齐，里袋布大小长度合适	目测，并手摸到袋底

项　目	质量要求	鉴定方法
夹里	肩缝夹里平服、顺直、松紧适宜；摆缝夹里平服，与摆衩缝合松紧适宜；后背夹里平服，背中缝有坐势；底边夹里宽窄一致，并留有坐势	目测
吊带标记	吊襻带宽窄一致、位置端正、装订牢固；各种标记位置准确、端正、清晰，缝缉牢固	目测

3. 综合

表 4.3　综合质量检验表

项目	质量要求	鉴定方法
粘合衬	粘合衬不脱胶、不渗胶、不起皱、不起壳和不起泡	目测或理化测试
产品整洁	成衣干净整洁，无油渍、污渍、极光，无多余线头、线钉，无粉印	目测
面料疵点	面料外观疵点符合产品要求	目测
对花、对条、对格	左右衣襟、领子；袖子与前衣片；袖缝、背中缝；背中缝与后领；前后摆缝、插袋口等处均要对花、对条或对格	目测
产品色差	1 号部位高于 4 级；2、3 号部位不低于 4 级	目测（对照色卡）
针距密度	平缝机明、暗针每 3cm 14 ～ 16 针；手工缲针每 3cm 不少于 7 针	目测计数
辅料配用	缝纫线、垫肩等辅料色泽和质地要与面料匹配	目测

4. 其他

表 4.4　其他质量检验表

项　目	质量要求	鉴定方法
工艺	按照工序操作步骤和工艺标准执行，不得擅自减少或改变工艺	根据工艺单检查
缝制	无脱、毛、漏、跳针、破损等现象	目测
熨烫	熨烫平、挺、煞，无极光，无烫黄变质等现象	目测
包装	立体包装，成衣用弧形衣架挂装，并套上防尘衣袋	目测

新唐装（女装）

一、款式造型

1.款式图

新唐装（女装）正、反面款式如图 4.67 所示。

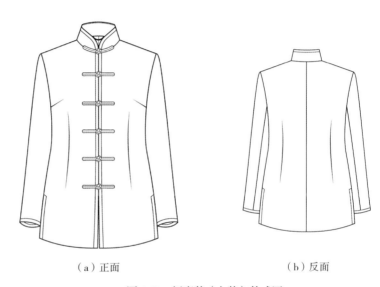

（a）正面　　　　　　　　　　（b）反面

图 4.67　新唐装（女装）款式图

2.造型概述

　　前衣襟为无叠门对襟形式方下角，左襟格缝有里襟条一根；领型为中式小圆弧立领，前衣襟止口、领口和袖口边沿用镶色料滚边，滚边宽度 0.8cm；前衣片两片，缝缉横胸省和竖腰省，前衣襟处竖排缝钉六对葡萄头直脚盘扣；后衣片两片，背中拼缝并缝缉竖腰省；两片袖型长袖，装袖，肩部内装垫肩；左右两侧摆缝腰间有暗插袋，左右两侧摆缝暗插袋下段开摆衩，摆衩边沿用镶色料滚边，滚边宽度为 0.8cm。

二、制版裁剪

1.规格尺寸

　　号型 160/84A：前衣长为 66cm，胸围为 94cm，领围为 41cm，肩宽为 40cm，袖长为 56cm。

2.结构制图

新唐装（女装）结构制图如图 4.68 所示。

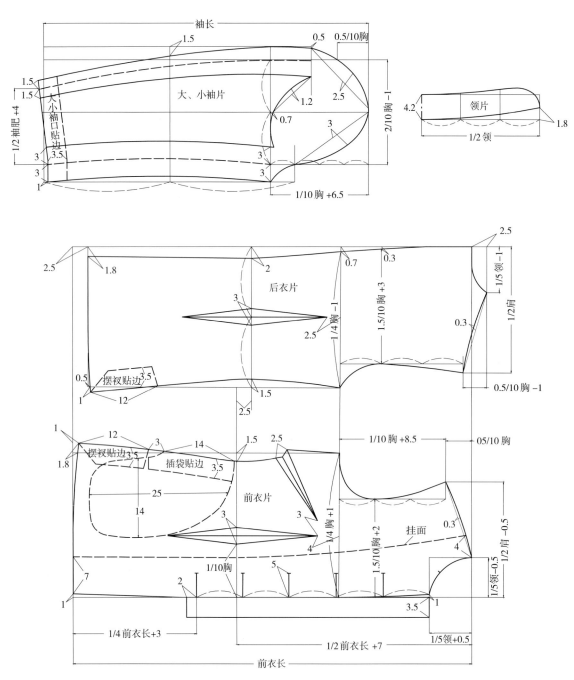

图 4.68　新唐装（女装）结构制图

3. 净样放缝

新唐装（女装）结构制图是净样制图，在制版裁剪时必须要另行加放缝份。

（1）前、后衣片与挂面

前、后衣片与挂面净样加放缝份如图4.69所示。

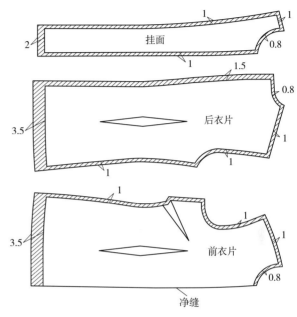

图 4.69　前、后衣片与挂面净样放缝

（2）大、小袖片等部件

大、小袖片等部件（里襟条、领子、摆衩贴边、插袋贴边）净样加放缝份如图4.70所示。

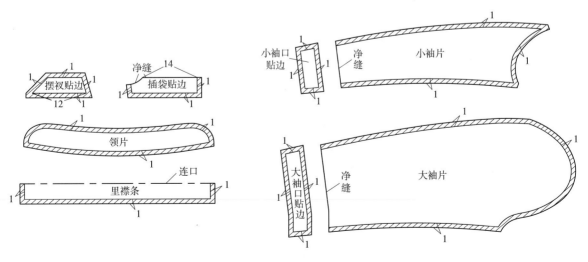

图 4.70　大、小袖片等部件净样放缝

4. 夹里放缝

新唐装（女装）采用全夹里结构，夹里裁配必须在先完成净样放缝的基础上，再另行加放或缩短所需的尺寸。

新唐装（女装）后领里下，居中缝钉吊襻带一根，吊襻带往下 2cm 处居中缝钉商标一枚，商标下口缝钉号型和尺码标记；右襟格夹里摆缝（袖窿向下 5cm 处）缝钉成分和洗涤标记。

（1）前、后衣片夹里

前、后衣片夹里放缝如图 4.71 所示，其中实线部分为前、后衣片夹里放缝结构线。

（2）大、小袖片夹里

大、小袖片夹里放缝如图 4.72 所示，其中实线部分为大、小袖片夹里放缝结构线。

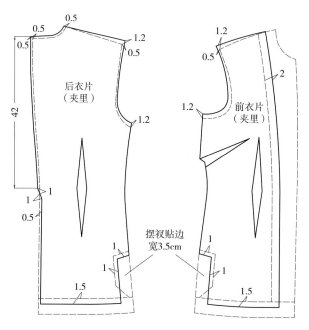

图 4.71　前、后衣片夹里放缝

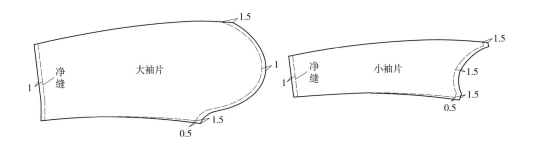

图 4.72　大、小袖片夹里放缝

5. 衬料裁配

新唐装（女装）衬料主要选用有纺粘合衬，少量选用无纺粘合衬，衬料裁剪尺寸参考面料衣片裁剪尺寸或按有关技术要求执行。

（1）前、后衣片衬料

前、后衣片与挂面衬料裁配如图4.73所示，其中阴线部分为前、后衣片与挂面衬料裁配结构线，按面料衣片四周缝份缩进0.3cm。

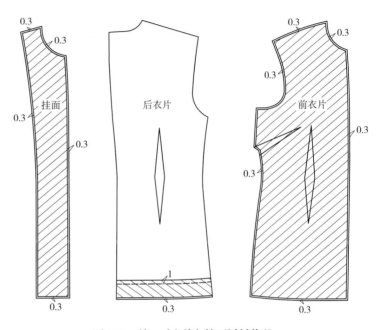

图4.73　前、后衣片与挂面衬料裁配

（2）其他部件衬料

其他部件衬料裁配如图4.74所示，其中阴线部分为部件衬料裁配结构线。

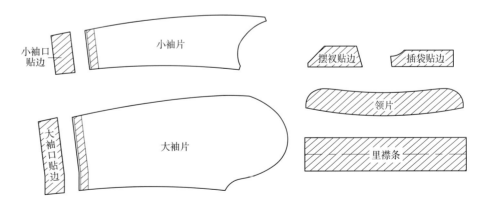

图4.74　其他部件衬料裁配

（3）牵条选用

前衣襟止口和前肩缝选用宽 1.2cm 半斜粘合牵条，前衣片下摆的前段部分选用宽 1.2cm 直丝粘合牵条，前领圈和前、后袖窿选用宽 1.2cm 直斜粘合牵条（图 4.75）。

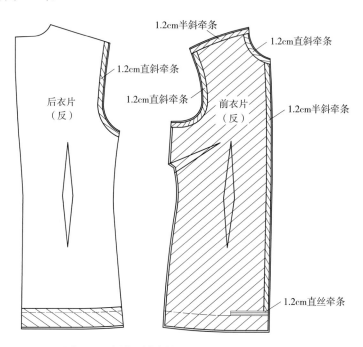

图 4.75　衣襟、袖窿等处牵条选用

三、操作流程

1. 粘衬

新唐装（女装）粘衬部位主要有前衣片、挂面、领面、袖口贴边和摆衩贴边等，粘合衬选用有纺粘合衬。前衣片、挂面、领面与粘合衬粘合时，必须经过专用粘合机高温粘合定型处理。

2. 缉省

（1）缝缉前衣片胸省

将前衣片横胸省正面对折，眼刀对准，并把省尖丝缕放平摆正。缝缉胸省时，为防止胸省缝缉时起涟，应把斜丝缕放在下层，直丝缕放在上层。省尖处缝缉要尖，以防止省尖起泡，留余线 5cm 并打结，然后修剪留余线 1cm（图 4.76）。

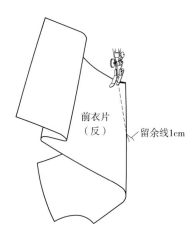

图 4.76　缝缉前衣片胸省

（2）缝缉前、后衣片腰省

为防止缝缉前、后衣片腰省时丝缕移动，可先将腰省中线对折，并略微熨烫后再缝缉，或者采用薄纸片压住腰省的方法缝缉。为了能使腰省处省尖缉得尖锐，省尖处开始缝缉时，先空踏三针，然后再缉到腰省的省尖上面，省尖处不能打倒回针，但省尖两头必须留线头 5cm 打结，然后修剪留余线 1cm（图 4.77）。

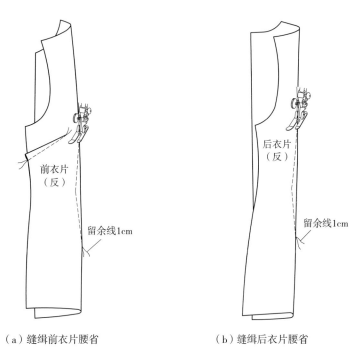

（a）缝缉前衣片腰省 　　　　　　（b）缝缉后衣片腰省

图 4.77　缝缉前、后衣片腰省

3. 前衣片归拔

（1）推烫止口

将前衣片反面向上止口朝外，平放于烫台。先把前衣片横胸省缝向上坐倒烫平，然后把衣襟止口劈门处归直，把腰节止口以上胖势推向胸部高点，胸部中间横直丝缕略为伸开，并将伸开后余量归拢至袖窿凹势处，使胸部中间部位隆起，以满足女性胸部的挺胸量（图 4.78）。

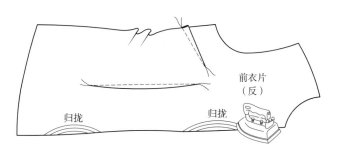

图 4.78　推烫止口

（2）归烫中腰

将前衣片腰省缝朝止口方向坐倒烫平，把腰节向止口方向拉出，腰省中部至摆缝处的横直丝绺归拢，使腰节处腰胁自然吸进（图4.79）。

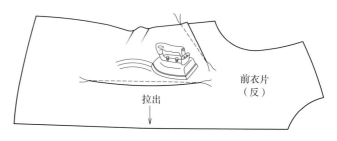

图4.79　归烫中腰

（3）归烫摆缝

将前衣片转向，摆缝放置在前。在摆缝处把臀部胖势归拢，把腰节向外拖出，里口向腰省处归拢，将摆缝归烫呈直线状（图4.80）。

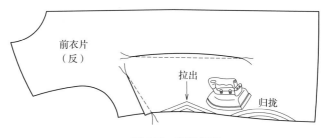

图4.80　归烫摆缝

（4）推烫肩部

将前衣片转向，肩缝放置在前。先把领圈横丝绺归正烫平，直丝绺向后推斜，再把肩部横丝向胸部方向推烫（图4.81）。

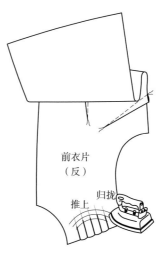

图4.81　推烫肩头

166

（5）归烫下摆

将前衣片转向，下摆放置在前。将下摆底边处弧度向上推烫，并将下摆底边产生的余量归拢（图4.82）。

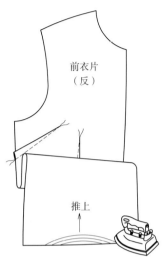

图4.82 归烫下摆

（6）粘合牵条

为了能使新唐装（女装）前衣襟止口、肩缝和袖窿等处平服不走样，可在这几个部位分别粘上粘合牵条。前衣襟止口和前肩缝处选用1.2cm宽的半斜粘合牵条，前领圈和袖窿部位选用1.2cm宽的直斜粘合牵条，前衣片下摆的前段部分选用1.2cm宽的直丝粘合牵条（图4.83）。

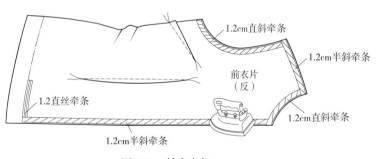

图4.83 粘合牵条

4. 后衣片归拔

（1）缝缉背缝

把左右两片后衣片正面与正面相合，手针用棉扎线按后背中缝的净缝粉印，将两片后衣片临时定针，在背缝上部胖势处将扎线略为抽紧，然后按照定针扎线缝缉背中缝，缉缝1.5cm（图4.84）。

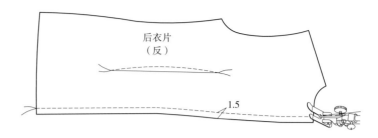

图 4.84　缝缉背缝

（2）归拔背缝

把缝缉好的后衣片背缝定针棉扎线拆除，后衣片反面向上背缝朝外，平放于烫台。用熨斗把后腰省缝朝背缝方向坐倒烫平。然后熨斗从后领口起手，把背缝上部胖势由外往里推烫至肩胛骨处，并按直斜丝绺方向将腰节凹势拔出，背缝腰节处横直丝绺伸开，里口归拢至1/2摆缝腰节处，使背部肩胛骨处隆起，中腰吸进，臀部弹出（图4.85）。

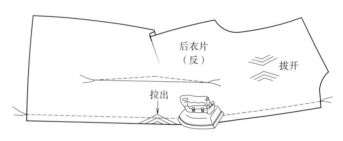

图 4.85　归拔背缝

（3）归拔摆缝

将后衣片转向，摆缝放置在前。熨斗从摆缝上段处开始，由外往里推烫，腰节凹势拔出，腰节外口横直丝绺伸开，里口归拢至1/2腰节处，臀围胖势归拢，将摆缝归烫呈直线状，使腰部吸进，臀围饱满（图4.86）。

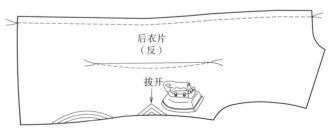

图 4.86　归拔摆缝

（4）归烫袖窿

将后衣片翻转，先在后背袖窿进行归拢，将产生的胖势推向后背肩胛骨处，然后将背缝中部将胖势归拢，以适应人体背部肩胛骨突起的需要（图4.87）。

168

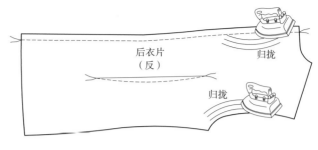

图 4.87 归烫袖窿

（5）分烫背缝

把后背缉缝分开烫平，背缝上部胖势推向两边肩胛骨处，中腰处伸开，随即在后袖窿粘上 1.2cm 宽的直斜牵条并烫牢（图 4.88）。

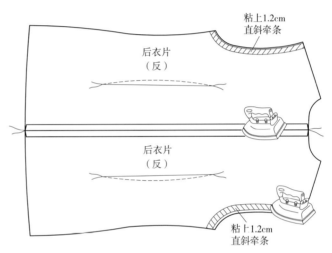

图 4.88 分烫背缝

5. 缝缉挂面夹里

（1）缝缉夹里腰省

缝缉前、后衣片夹里腰省方法参照缝缉前、后衣片腰省方法。

（2）缝缉挂面与夹里

将挂面与前衣片夹里正面相合后缝缉，缉缝 1cm，然后将缉缝朝夹里方向坐倒并烫平（图 4.89）。

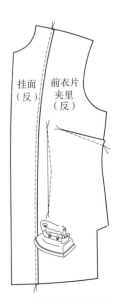

图 4.89 缝缉挂面与夹里

（3）缝烫后衣片夹里

左右两片后衣片夹里正面与正面相合，缝缉夹里背缝，缉缝1cm；然后把左、右腰省、烫平，再把后背缝份向左单边坐倒烫平，并按照面料后衣片尺寸大小修剪整齐（图4.90）。

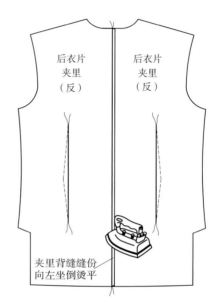

图4.90　缝烫后衣片夹里

6.缝缉摆衩贴边、里襟条

（1）缝缉摆衩贴边

新唐装（女装）摆衩长12cm，摆衩贴边净宽3.5cm。把前、后片夹里与摆衩贴边缝份对齐后缝缉，然后坐倒烫平（图4.91和图4.92）。

图4.91　缝缉前衣片摆衩贴边

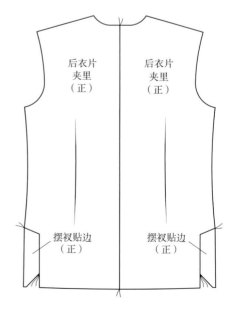

图4.92　缝缉后衣片摆衩贴边

170

（2）缝缉熨烫里襟条

新唐装（女装）左襟格衣襟止口处缝缉连口里襟条一根，里襟条反面粘合薄型有纺衬。里襟条净宽3.5cm，长度上从领口开始，下至前衣襟最下面一对盘扣（即第六对盘扣）装钉位置向下2cm。里襟条两头缝缉，然后翻出烫平（图4.93和图4.94）。

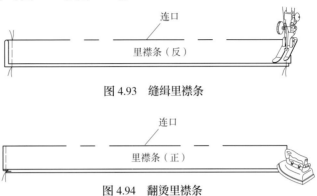

图4.93　缝缉里襟条

图4.94　翻烫里襟条

7. 做摆缝与插袋

新唐装（女装）左右两侧摆缝腰间有暗插袋，暗插袋的袋口大14cm；左右两侧摆缝下段开摆衩，摆衩长12cm。

摆缝与插袋制作方法如下：

（1）缝缉摆缝

将前、后衣片摆缝对齐，前衣片摆缝放在上层，后衣片摆缝放在下层。摆缝缝缉时，从袖窿处起针至上插袋口倒回针，缉缝1cm，留出插袋口14cm；然后在插袋下口起针再缝缉3cm倒回针，缉缝1cm，下段留出12cm为摆衩长度（另有下摆贴边宽3.5cm）。此处摆衩长12cm要滚边，需要修剪去掉1cm缝份（图4.95）。摆缝缝缉修剪好后，再将摆缝缝份分开烫平（图4.96）。

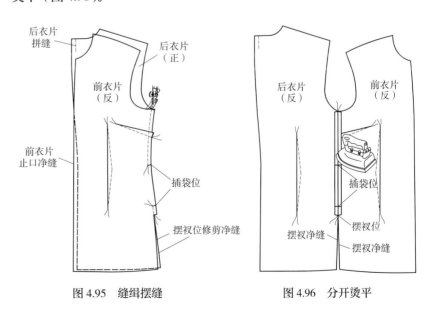

图4.95　缝缉摆缝　　　　　　　图4.96　分开烫平

（2）裁配插袋布

插袋布按照裁剪净样四周放缝 1cm（图 4.97a），裁配前、后插袋布共四片（图 4.97b），把插袋贴边里口扣光或锁边，然后将插袋贴边缝缉在后侧插袋布上（图 4.97c）。

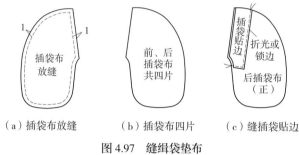

（a）插袋布放缝　　　（b）插袋布四片　　　（c）缝插袋贴边

图 4.97　缝缉袋垫布

（3）缝缉前插袋布

把前衣片放在下层，后衣片放在上层，然后将前插袋布缝缉在前衣片插袋侧缝处，缝份 0.6cm（图 4.98），缝缉好后把前插袋布摊开烫平（图 4.99），前身插袋口缉缝要坐进 0.1cm，目的是让袋布不外露。

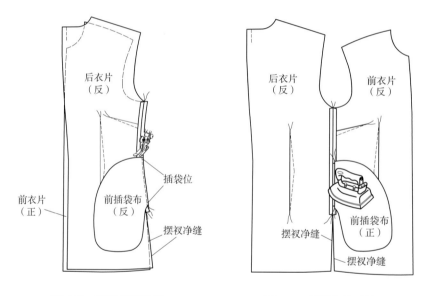

图 4.98　缝缉前插袋布　　　　　图 4.99　插袋布摊开烫平

（4）缝缉后插袋布

把后插袋布缝缉在后衣片插袋侧缝处，缝份 0.8cm（图 4.100），缝缉好把后插袋布摊开烫平。最后兜缉插袋布一周，缉缝为 1cm（图 4.101）。

中华新唐装

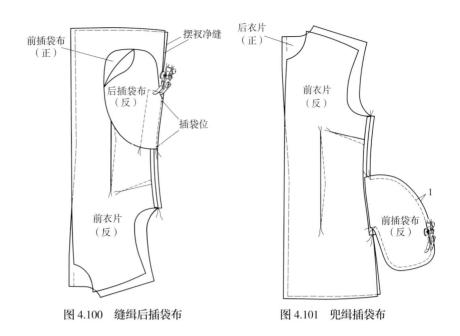

图 4.100　缝缉后插袋布　　　　　　图 4.101　兜缉插袋布

（5）插袋布粘合固定

将摆缝缝份分开烫平，把插袋布依附在前衣片上，并用双面粘合衬粘合固定（图 4.102）。

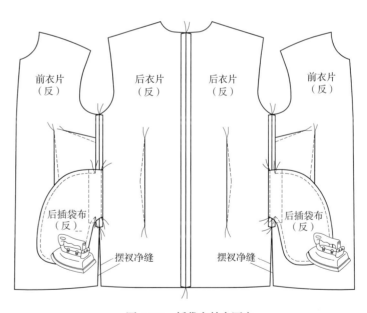

图 4.102　插袋布粘合固定

8. 滚边

新唐装（女装）共有四个部位采用滚边工艺，即前衣襟止门、领口边沿、袖口边沿和摆衩。

新唐装（女装）在前衣襟止口、领口边沿、袖口边沿和摆衩采用镶色料滚边工艺，是为了增加服装立体美感和体现传统特色工艺。考虑到前衣襟止口与领口边沿等处滚边对称、美观和完整性，应强调这四个滚边部位不允许出现有拼接缝现象。尤其是在前衣襟和领口滚边时，必须分段进行滚边，即将前衣襟止口和领口边沿分开滚边，然后再绱领子。通过分段滚边处理后，能把滚条拼接缝放置在领子与领圈的绱领缝份中，服装成型后，手工装订盘扣时把滚条拼缝掩盖遮住。

（1）裁剪滚条
裁剪滚条方法参见第五章第一节滚边相关内容。

（2）扣烫滚条
裁剪滚条宽度约2.5cm，将回纹花形滚条料按花形对折烫平，然后扣烫滚条边沿缉缝缝份，缉缝宽度为0.6cm，再扣烫滚条宽度0.8cm，剩余宽度用作下一个缉缝缝份及折转时的里外匀（图4.103）。

（a）扣烫滚条边	（b）对折滚条

图4.103　扣烫滚条

（3）缝缉前衣襟止口与摆衩滚条
分别在前衣襟止口和摆衩处缝缉滚条，滚条宽度为0.8cm。缝缉滚边要求顺直、宽窄一致和左右对称（图4.104）。

在缝缉左襟格止口滚条时，将里襟条夹其中与挂面缝缉在一起。

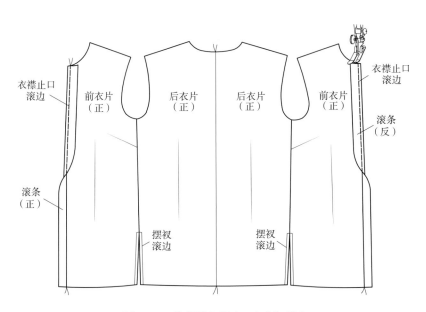

图4.104　缝缉前衣襟止口与摆衩滚条

中华新唐装

9. 缝缉摆缝底边

（1）缝缉挂面横头

将挂面与前衣片正面相对然后按底边宽度缝缉，修剪整齐后翻转。

（2）缝缉前、后衣片底边

缝缉底边前先将夹里背中缝拼缉好，然后将夹里翻转，先缝缉里襟格，缝缉时对准下摆贴边与夹里粉印标记，然后离挂面1cm处开始起针；缝缉时夹里应略微拉紧（图4.105），也可把前后摆缝夹里拼缉好再兜底边。

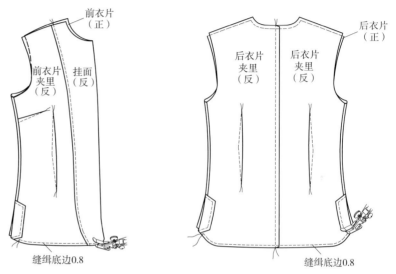

图 4.105　兜底边

（3）翻烫底边

手针用棉扎线将下摆贴边烫缝临时定针，再把里缝与贴边放平，在贴边内缝处把贴边内缝份与前、后衣片用本色线甩牢；之后，将缝缉后的底边翻转、烫平，然后将挂面接口处、摆衩处夹里缝份折叠，用手针定针固定，待后缲缝（图4.106）。

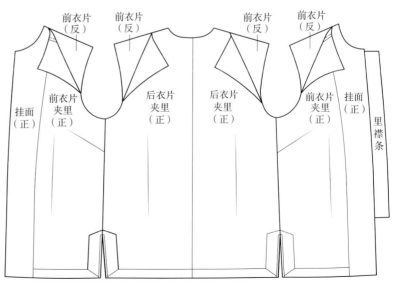

图 4.106　手针固定底边

10. 做肩

（1）缝缉肩缝

缝缉肩缝前，先检查前、后领圈进出是否一致，前、后肩缝长短是否符合要求，如有偏差可做适当调整。将前肩缝放在上层，后肩缝放在下层（也可将后肩缝放在上层，前肩缝放在下层），缉缝 1cm。缝缉肩缝时，肩缝靠领圈 1/3 处，后衣片略放曲势，目的是配合肩部造型的需要，同时要求肩缝缉线顺直不弯曲（图 4.107）。

（2）分烫肩缝

先将缝缉好的肩缝烫平，把产生的曲势烫匀烫平；接着把肩缝放在袖窿铁凳上，把肩缝分段分开烫平，注意不能将肩缝烫还（图 4.108）。

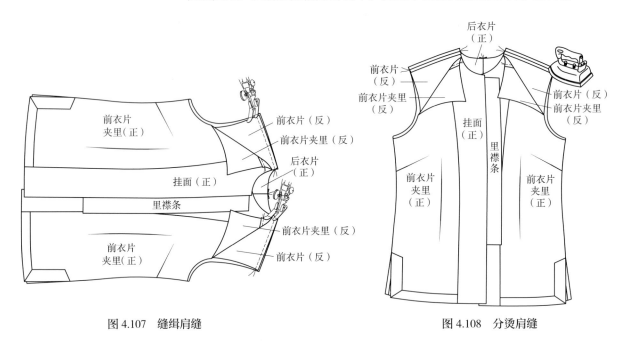

图 4.107　缝缉肩缝　　　　　　　　　　　　图 4.108　分烫肩缝

（3）缝缉肩缝夹里

将前、后衣片肩缝夹里摆放对齐，然后分别缝缉，缝缉 1cm，之后把肩缝夹里坐倒烫平。

11. 做领

（1）剪净领衬

将领型净样板摆放在树脂粘合衬上（树脂粘合衬用斜丝缕），用尖铅笔把领型净样划准确，然后剪下来并检查左右领衬圆弧是否对称一致无误差（图 4.109）。

图 4.109　剪净领衬

（2）裁配领面与领里

领面选用横料，按领型净样板（或裁好的领衬）裁配，领上口净缝，领下口放缝份 0.8cm（图 4.110a）。领里选用横料或斜料（也可以选用里子料），按领型净样板（或裁好的领衬）裁配，领上口和领下口四周放缝份 0.8cm（图 4.110b）。

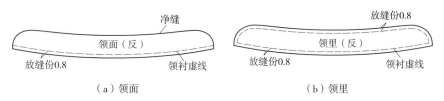

（a）领面　　　　　　　　　　　　　（b）领里

图 4.110　裁配领面与领里

（3）领面与领面衬粘合

领面衬选用薄型有纺衬，用熨斗把领面与领面衬熨烫粘合（图 4.111）。

图 4.111　领面与领面衬粘合

（4）领面与领衬粘合

把剪好的树脂粘合领衬放在领面与领面衬已粘合后的领面衬上，放入专用粘合机高温粘合定型（图 4.112）。

图 4.112　领面与领衬粘合

（5）绱领口边沿滚条

将裁剪好的滚条（滚条宽约 2.5cm，不能有拼接缝份）摆放在领面的边沿，然后按 0.7cm 缝份宽度沿领口边沿缝缉（图 4.113a），接着将滚条修剪整齐后翻转并烫平（图 4.113b）。滚条成型后宽度为 0.8cm。要求滚条顺直、宽窄一致，左右领口圆弧对称。

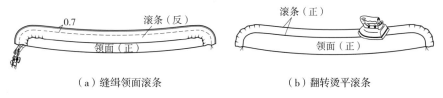

（a）缝缉领面滚条　　　　　　　　　（b）翻转烫平滚条

图 4.113　绱领口边沿滚条

（6）缝合滚条与领里

在领面与领里后中各打一个定位标记，把领面放在上层，领里放在下层，领面、领里正面相对。然后缝合滚条与领里外口缝份，缉缝约0.6cm。缝合到领子圆弧部位时，要把领里拉紧，使领面、领里产生里外匀窝势，同时将领面、领里后中眼刀对准，缝合到另一侧领头圆弧部位时，同样把领里拉紧。注意，缝合领面与领里时，缉线不能缉住领衬（图4.114）。

图4.114　缝合滚条与领里

（7）烫领子缝份

将缝合后的领子缝份进行修剪并折缝熨烫（图4.115），然后翻出熨平，并在领面反面的下口划上三个定位标记，即领中缝、左右两肩缝三这3个定位标记供缉领时应用（图4.116）。

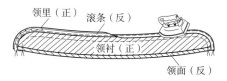

图4.115　熨烫领子缝

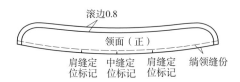

图4.116　缉领定位标记

（8）领子成型

熨烫成型后的新唐装（女装）领子如图4.117所示。

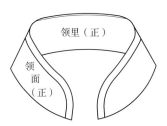

图4.117　领子成型图

12. 绱领

中式立领（又称旗袍领）是新唐装（女装）缝制过程中一个重要的技术环节。中式立领成型后必须达到的要求是：立领领子竖直登起，领圈外围圆顺平服，领面、里、衬融合服帖；领口正襟，不还口，不荡空，领子圆头弧线优美对称，滚边宽度狭窄一致。此外，如果立领领面有花形图案，还要求花形图案左右对称、前后衣片花形图案匹配协调。

（1）绱领操作

绱领的正确与否直接影响整件新唐装（女装）的外观质量。因此，绱领前必须先将领子、领圈大小校验一下，一般领子长度要比领圈长度大 0.5～1cm。绱领时，领圈放下，领子在上，领子面与领圈面正面叠合。

绱领起针时，先对准滚条拼缝，绱领缝份 0.8cm，整个绱领过程不能绲住领衬。绱领过程始终要对准左肩缝定位标记、后背中缝定位标记和右肩缝定位标记，以防领子偏移走样。同时，将吊襻缝绲在后领背中缝处并打倒回针加固。绱领从左襟格开始绱领一直到右襟格结束（图 4.118）。

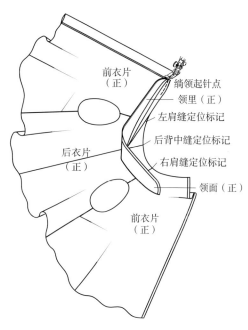

前衣片（正）
绱领起针点
领里（正）
左肩缝定位标记
后衣片（正）
后背中缝定位标记
右肩缝定位标记
领面（正）
前衣片（正）

图 4.118　绱领示意图

（2）熨烫及手工

绱领完毕后，把滚条拼接处缝份分开烫平，然后将全部滚条折转烫平，再与挂面绲牢（左襟格还要事先在挂面上缝绲里襟条一根），手针将滚条与挂面缝份用本色线与前衣片甩牢，甩针针迹不能太紧（图 4.119）。

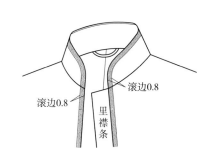

滚边0.8
滚边0.8
里襟条

图 4.119　绱领成型图

13.做袖

（1）缝缉前袖缝

大袖片放在下层，小袖片缝在上层。在两袖缝上端8cm处，大袖片略放曲势，中端适合拉急，下端放松，缉缝1cm（图4.120）。

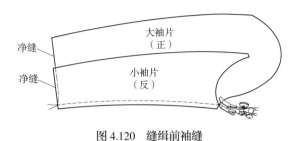

图4.120　缝缉前袖缝

（2）分烫前袖缝

将缝缉好的前袖缝分开烫平，并将袖口粘合衬粘在袖口边上（图4.121）。

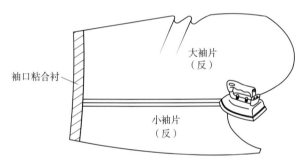

图4.121　分烫前袖缝

（3）缝缉后袖缝

大袖片放在下层，小袖片放在上层，在后袖缝上端10cm处，大袖片要略放松度，缉缝1cm（图4.122）。

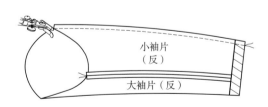

图4.122　缝缉后袖缝

（4）分烫后袖缝

分烫后袖缝前先把大袖片的松度烫平，然后将"袖套版"放进袖子里，并把后袖缝弯势摆放准确，把后袖缝分开烫平，同时将整个袖子熨烫平服、圆顺（图4.123）。

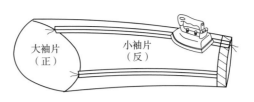

图 4.123　分烫后袖缝

（5）袖口滚边

将裁剪好的回纹花形滚条按花形对折烫平，然后扣烫滚条宽度 0.8cm，留出缉缝 0.6cm。沿袖口边缝缉滚条一圈，要求滚条顺直、狭宽一致，滚条缉缝放在前袖缝处（图 4.124）。

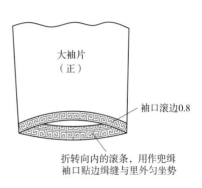

图 4.124　袖口滚边

（6）缝缉袖夹里

先将袖口贴边与袖夹里的袖口处拼缉，然后再缝缉袖夹里大、小片袖缝。大、小片袖夹里按 0.8cm 缝份缝缉，袖口贴边大小拼缝要与袖面袖口大小拼缝相同（图 4.125）。

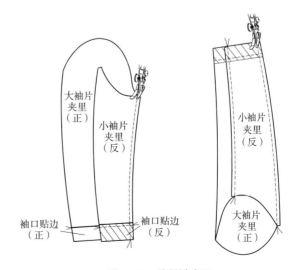

图 4.125　缝缉袖夹里

（7）烫袖夹里缝份兜袖口

把袖夹里缝份坐倒烫，前袖缝向大袖片方向坐倒熨烫，后袖缝向小袖片方向坐倒熨烫（图4.126）。

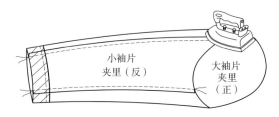

图 4.126　烫袖夹里

兜袖口时，先核查袖面的袖口贴边与夹里袖口大小是否相符，一般是袖里小于袖面。然后将袖面前后缝对准夹里前、后缝，围绕一圈缝缉袖口。

（8）定针袖夹里

手针将袖口滚边用本色线与袖口衬甩牢，然后把袖面、里反面相对，袖里要适当放松，用双根扎纱线从袖口上段4cm开始，手针定针扎线到上口离下10cm处止，定针扎线针距2cm左右；再定针扎线袖底缝，同时要求袖面急夹里松，目的是使袖子成型后圆顺、窝服和平挺，然后把袖子翻转将袖口烫圆顺（图4.127）。

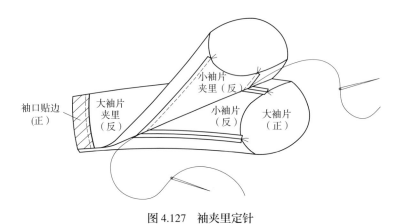

图 4.127　袖夹里定针

14. 绱袖

（1）修剪袖山夹里

先修剪袖山夹里，袖山头处夹里放缝份0.8cm，两侧袖山弧线处夹里放缝份1cm，袖底处夹里放缝份2cm，夹里按袖子弧线修剪整齐。

（2）手缝袖山曲势

用单根棉扎线离袖山弧线边缘0.5cm，手针采用纳针针法从前袖窿向上3cm处起针，经袖山头至后袖缝向下3cm左右止，一般袖子的袖山弧线长度要比袖窿弧线长约2cm袖山头处松度可少一些，两侧袖山弧线松度略多一些，袖底松度放平即可（图4.128）。袖山弧线松度还必须根据面料性能和质地决定，如选用织锦缎面料、袖山弧线松度不能太多、整个袖山松度控制在1.5cm左右即可。

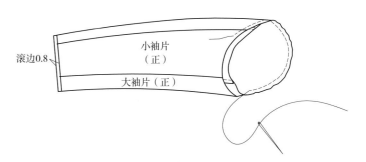

图4.128　手缝袖山曲势

（3）烫袖山曲势
将手针缝好的袖山曲势摆放在袖窿铁凳上，把袖山曲势烫匀。

（4）缝缉袖山绒条
在袖山缝份边沿前后段缝缉上宽约2.5cm的斜向绒布条，缉缝0.5cm（图4.129）。

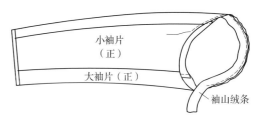

图4.129　缉袖山绒条

（5）绱袖
绱袖之前，先检查一下衣身袖窿弧线长度与袖子弧线长度是否匹配、定位标记是否准确清楚。必要时，可以先将袖子与衣身袖窿用手针临时缝上，检查一下袖子是否准确和圆顺，然后再正式用缝纫机缝缉。
绱袖一般先绱左襟格，从袖窿前侧的前袖缝处起针，缉缝0.8cm，围绕袖山弧线一圈直至将整个袖子绱完。左襟格袖子绱完后，检查一下袖子的前后是否合适，袖山曲势是否圆顺均匀，袖山头横、直丝绺是否平直，后背戤势是否自然，袖底缝是否有牵吊现象，等等。经检查符合要求后，再装右襟格袖子，要求两只袖子成型后左右对称、前后一致（图4.130）。

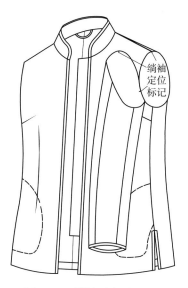

图 4.130　绱袖示意图

（6）装垫肩

把垫肩对折朝后 1cm 对准肩缝，垫肩向袖缝外偏出 1cm，然后按袖窿弧线用双股棉扎线把垫肩和袖窿采用倒扎针的针法扎牢。接着从里肩起针到外肩 4cm 处，把垫肩与肩缝用滴针的针法固定，最后把前半只垫肩与前胸衬滴针固定。装垫肩时，把垫肩放在下面，袖窿放在上面，使垫肩保持足够松度和窝势。

15. 盘扣

（1）做直脚盘扣

新唐装（女装）前衣襟处竖排缝钉六对葡萄头直脚盘扣，葡萄头直脚盘扣制作工艺操作步骤参见第五章第五节盘扣相关内容。

（2）划直脚盘扣位

先确定前衣襟领口处第一对直脚盘扣缝钉位置（绱领的缝份之中），再确定前衣襟最下面一对直脚盘扣缝钉位置（离底边距离 =1/4前衣长 +3cm），然后五等分，将前衣襟所需六对直脚盘扣装缝位置用隐形划粉划在衣襟上（图 4.131）。

（3）钉直脚盘扣

葡萄头直脚盘扣的扣头直径为 1cm，直脚盘扣缝钉后左右全长 10cm，呈一字形，扣头缝钉在左襟、扣襻缝钉在右襟。六对直脚盘扣位置间隔距离均等，扣头与扣襻组合后松紧适宜，每对直脚盘扣缝钉整齐、牢固、美观，直脚扣左右对称、长短一致（图 4.132）。

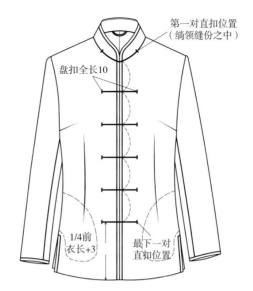

图 4.131　划直脚盘扣位

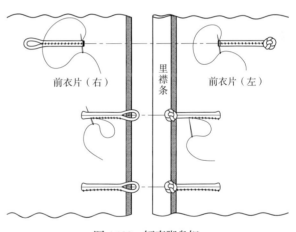

图 4.132　钉直脚盘扣

16. 手工

以上工序操作流程中的其他部位，如缲缝领里、缲缝袖窿、缲缝挂面下角等，都由手工完成（图 4.133）。

图 4.133　新唐装（女装）手工示意图

新唐装（女装）成品示意如图 4.134 所示。

图 4.134　新唐装（女装）成品示意图

17.熨烫

熨烫是新唐装（女装）缝制工序操作流程中最后一道工序，熨烫时必须注意以下三点：

第一，不能把缝制过程中通过推、归、拔等熨烫工艺所产生的立体效果烫平，如胸部、腰部等；熨烫胸部、腰部时，必须放置在"馒头"或在其他专用工具上熨烫，使新唐装（女装）具有曲线形的优美立体感。

第二，可以通过熨烫来弥补缝制工艺中的某些不足，如熨烫时能运用归一归、窝一窝、伸一伸等手法，可以使新唐装外形更加平挺饱满。

第三，熨烫过程中能把新唐装缝制过程中所产生的不清洁因素，如污迹、水渍、粉迹等清除，使新唐装干净、整洁和美观。

新唐装（女装）熨烫工艺操作步骤如下：

（1）烫夹里

把新唐装（女装）打开，夹里向上放置在烫台上，先将前后底边夹里坐势烫顺直，然后熨烫后背与前片夹里。熨烫时熨斗移动速度要快，温度不可过高，以免夹里变色，最后将袖窿夹里放在铁凳上将袖子轧烫圆顺。

（2）烫背缝

把后衣片正面朝上，下垫"馒头"，先盖上干布，再盖湿布把背缝烫平、烫煞。

（3）烫摆缝

新唐装（女装）摆缝处有摆衩和暗插袋，熨烫摆衩时，先把摆衩搅盖上 0.5cm 再熨烫，目的是防止摆衩豁开；熨烫暗插袋时，注意插袋口是否平服，左右插袋口要对称、顺直，不能有还口等情况出现。

（4）烫衣襟
把左右衣襟止口烫平、烫煞，注意缝钉盘扣处四周是否烫到，不能遗漏。

（5）烫胸部
把胸部胖势放在"馒头"上，胸部位置必须放准，以保持胸部胖势圆顺、丰满。盖上干、湿布两块，前袖窿边烫边归，防止胸部烫平。

（6）烫下摆
先将下摆处烫平，同时将摆衩部位熨烫，不遗漏。

（7）烫肩部
肩缝下放袖窿铁凳，把里肩（靠领脚）丝绺摆正后熨烫；熨烫肩头外口时向上拎一把，使外肩略有翘势，然后把肩外口烫平。

（8）烫领子
领子可以放平熨烫，领子部位烫完后，还应该检查一下领子是否圆顺、窝服。

（9）烫袖子
先烫袖子前、后袖缝，不能烫出皱印；烫袖山时可以用左手从里面把袖山顶住，用熨斗抹烫袖山；然后再将袖子和整个前身烫平、理顺，随后再检查一下夹里，如有皱印即轻轻补烫。
新唐装（女装）熨烫完毕，用弧形衣架将其垂直挂起。

四、质量要求

1. 外观

表 4.5 外观质量检验表

项 目	质量要求	鉴定方法
款式造型	具有唐装造型特征，款式新颖，轮廓清晰，外观平服	穿上人体半身衣架目测
制版裁剪	规格尺寸与人体比例相符，整体结构与局部构成匹配，各部位比例协调合理	穿上人体半身衣架目测
面料色彩	面料选用适当，色感美观视觉效果较好	穿上人体半身衣架目测

2. 缝制

表 4.6 缝制质量检验表

项 目	质量要求	鉴定方法
规格尺寸	衣长偏差在 ±1.5cm，胸围偏差在 ±2.0cm，领围偏差在 ±0.6cm，肩宽偏差在 ±0.8cm，袖长偏差在 ±1cm	尺量
领子	领面平服，领口圆顺不卡脖，领止口滚边顺直平服，宽窄一致；领角圆弧两侧对称、大小一致；立领翘势准确、绱领圆顺、牢固	目测尺量
衣襟止口	前衣襟左右两格止口平服，不起翘、不还口，不搅不豁；衣襟止口滚边顺直平服、宽窄一致；左、右衣襟长短一致，衣襟下角对称、大小一致	目测尺量
盘扣	扣头紧密结实，扣襻圈大小适宜，扣头与扣襻缝钉位置准确、牢固，整洁；盘扣位间距准确，左右对称、长短一致；扣襻钉在右襟，扣头钉在左襟	目测尺量
胸、腰部	胸部丰满，胸省和腰省位置准确、左右对称，腰肋清晰、平服，无涟形	目测
肩部	肩部平服，不起涟、不起空；肩缝曲势均匀，肩部顺直，左右两肩对称；装垫肩松紧、进出适宜	目测尺量
袖子	左右两袖绱袖曲势准确、无涟形，袖山饱满圆顺；两袖左右对称，前后位置适宜；前袖缝不翻不吊，后袖缝顺直平服，两袖口大小一致，袖口平服	目测尺量
摆缝	左右两侧摆缝顺直，松紧一致，无涟形；摆衩平服不起翘，长短一致	目测
后背	后中背缝顺直平服、松紧一致；后背平服方登，后袖窿处有戗势；后背下摆处圆顺	目测
挂面	挂面平服，里襟条宽窄一致，缉缝顺直、松紧适宜	目测
插袋	插袋高低位置准确，插袋口不还口，袋垫不外露，袋口套结封口牢固整洁，插袋布大小长度合适	目测并手摸到袋底
夹里	肩缝夹里顺直平服、松紧适宜；摆缝夹里平服，与摆衩缝合松紧适宜；后背夹里平服，背中缝坐势适宜；底边夹里宽窄一致，并留有坐势	目测
吊襻标记	吊襻带宽窄一致、位置端正、缝钉牢固；各种标记位置准确、端正、清晰	目测

3. 综合

表 4.7　综合质量检验表

项　目	质量要求	鉴定方法
粘合衬	粘合衬不脱胶、不渗胶、不起皱、不起壳和不起泡	目测或理化测试
产品整洁	成衣干净整洁，无油渍、污渍、极光，无多余线头、线钉，无粉印等	目测
面料疵点	面料外观疵点符合产品要求	目测
对花、对条、对格	左右衣襟、领子；袖子与前衣片；袖缝、后背中缝；后背中缝与后领；前后摆缝等处均要对花、对条或对格	目测
产品色差	1 号部位高于 4 级；2、3 号部位不低于 4 级	目测（对照色卡）
针距密度	平缝机明、暗针每 3cm 14 ~ 16 针；手工缲针每 3cm 不少于 7 针	目测计数
辅料配用	缝纫线、垫肩等辅料色泽和质地要与面料匹配	目测

4. 其他

表 4.8　其他质量检验表

项　目	质量要求	鉴定方法
工艺	按照工序操作步骤和工艺标准执行，不得擅自减少或改变工艺	根据工艺单检查
缝制	无脱、毛、漏、跳针、破损等现象	目测
熨烫	熨烫平、挺、煞，无极光，无烫黄变质等现象	目测
包装	成衣用弧形衣架挂装，并套上防尘衣袋	目测

第三节
男长袖衬衫

一、款式造型

1. 款式图

新唐装内穿男长袖衬衫正、反面款式如图 4.135 所示。

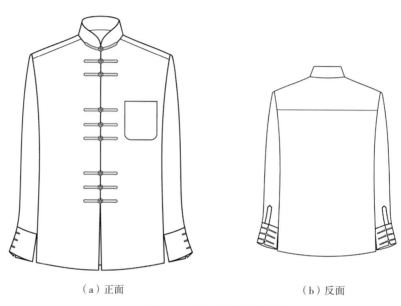

（a）正面　　　　　　　　（b）反面

图 4.135　男长袖衬衫款式图

2. 造型概述

前衣襟为无叠门对襟形式，右襟格缝有里襟条一根，前衣襟方角下摆；领型为中式立领；前衣片两片，左衣片胸部处缝圆角贴袋一只；前衣襟处竖排缝钉九对蜻蜓头直脚盘扣，排列成三个"王"字；后衣片一片，肩部有两层过肩；一片袖型长袖，装袖，宽袖克夫并有袖衩及袖衩加片，左右袖克夫处缝钉三对蜻蜓头直脚盘扣，排列成一个"王"字。

二、制版裁剪

1. 规格尺寸

号型 170/88A：后衣长为 71cm，胸围为 104cm，领围为 42cm，总肩宽为 45cm，袖长为 62cm。

2. 结构制图

男长袖衬衫结构制图如图 4.136 所示。

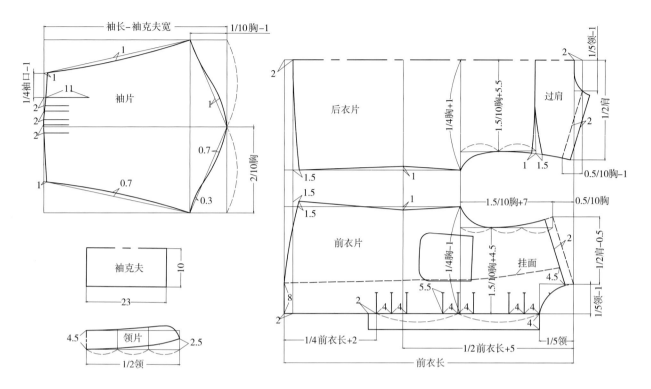

图 4.136　男长袖衬衫结构制图

3. 净样放缝

男长袖衬衫结构制图是净样制图，在制版裁剪时必须另行加放缝份（图 4.137）。

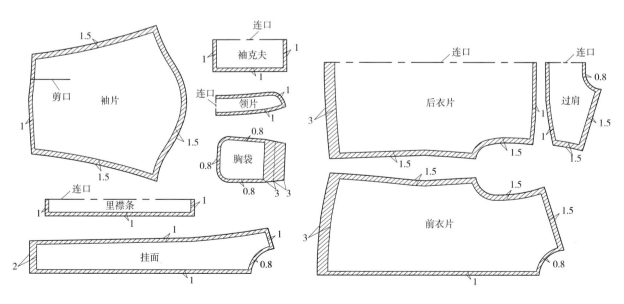

图 4.137　净样放缝图

三、操作流程

1. 做胸袋

（1）扣烫胸袋

双翻袋口贴边，第一翻为 2.9cm，第二翻为 3cm，并粘合薄型有纺衬（图 4.138a），烫袋口贴边第二翻折缝不可虚空（图 4.138b）。

胸袋大小长短尺寸按照工艺规格要求，从胸袋口右侧开始按净样板扣烫（图 4.138c），扣缝为 0.8cm，扣缝超出部分必须修窄，袋底圆头要扣烫圆顺，整只胸袋烫平、烫挺（图 4.138d）。

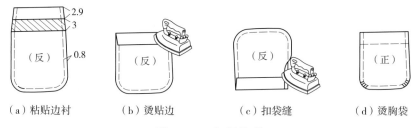

（a）粘贴边衬　　（b）烫贴边　　（c）扣袋缝　　（d）烫胸袋

图 4.138　扣烫胸袋

（2）缝钉胸袋

左衣片前胸处缝钉胸袋一只，胸袋摆放端正、不歪斜，胸袋高低进出位置按工艺要求。缝钉胸袋从左侧起针，缝针先在离袋口下去 3cm 处打倒回针（离袋止口边 0.6cm），并开始往上缝缉，缝缉到袋口时往袋止口方向缉 0.5cm，然后按胸袋止口边沿缝缉 0.1cm 清止口，一直缝缉到另一边袋口，同样往袋口方向缝缉 0.5cm，再往下缝缉 3cm，最后倒回针结束（图 4.139）。

前衣片
（正）

图 4.139　缝钉胸袋

2. 做挂面

（1）缝、烫里襟条

男长袖衬衫右襟格衣襟止口处装连口里襟条一根，里襟条净宽 4cm，长度按前衣襟最下面一对盘扣（第九对盘钮）装钉位置向下 2cm。里襟条反面粘合薄型有纺衬，正面对折后两头缝缉（图 4.140a），然后翻出来烫平（图 4.140b）。

192

中华新唐装

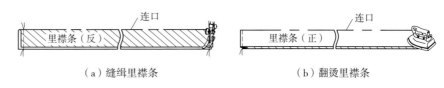

（a）缝缉里襟条　　　　　　　　　　（b）翻烫里襟条

图 4.140　缝、烫里襟条

（2）挂面外口折边缲缝

挂面反面粘合薄型有纺衬，先扣烫挂面外口第一道折边 0.3cm，再扣烫第二道折边 0.6cm（图 4.141a），然后用手针将扣烫后的挂面外口折边缲缝（图 4.141b）。

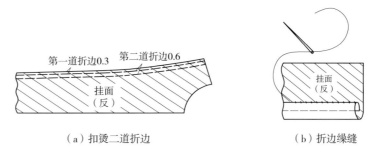

（a）扣烫二道折边　　　　　　　　（b）折边缲缝

图 4.141　挂面外口折边缲缝

（3）挂面与衣片缝合

左襟格前衣片与挂面缝合时，把左襟格前衣片放下层，挂面放上层，从上往下缝缉，缝缉时将下层前衣片略拉紧，以防起皱。

右襟格前衣片与挂面缝合时，加装里襟条一根，右襟格前衣片放下层，里襟条放中间，挂面放上层，然后三层一起缝合，缉缝 0.8cm（图 4.142）。

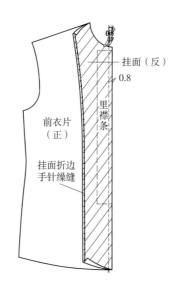

图 4.142　挂面与衣片缝合

3.缝缉过肩与肩缝

（1）钉商标

商标按照虚线尺寸剪断，正面向上两头向反面折光，要求左右对称、不歪斜，内缝不可外露（包括毛纱），商标下口的尺码要摆放端正（图4.143）。

商标缝钉在过肩里正面的正中，商标高低位置及缝钉方法按照工艺要求；缝钉商标不能有跳针和断线、接线，缉线必须整齐、清晰（图4.144）。

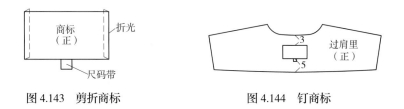

图4.143　剪折商标　　　　　　　　图4.144　钉商标

（2）缝过肩

过肩里放在下层（正面向上），中间放后衣片（正面向上），过肩面放在上层（反面向上）。三层衣片摆放整齐，中间定位标记对准。缝缉时下层过肩里可稍微拉紧，以防止曲拢，缝缉过肩缝份1cm（图4.145）。

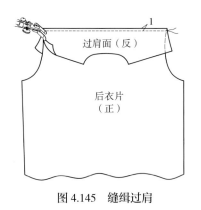

图4.145　缝缉过肩

（3）缝肩缝

后衣片放在下层，前衣片肩缝与后衣片过肩里两肩缝相缉，缉缝0.8cm，肩缝不可拉还；前衣片领口和过肩领口必须对齐，同时要防止领圈走样还口（图4.146）。

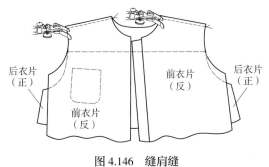

图4.146　缝肩缝

（4）驳肩缝

驳肩缝采用暗线缝缉，过肩面缉线必须盖没缝肩缝缉线。其中一片肩头缝缉时，由于要从领圈内缝缉，注意防止将领圈拉还。驳肩缝缉缝1cm，缝缉后将缝份修剪整齐，留缝份0.6cm。要求线迹整齐，上下松紧一致，领口并齐，过肩面、里平服不起涟形（图4.147）。

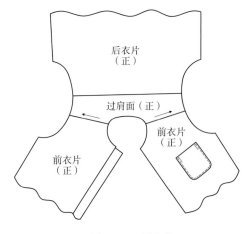

图4.147　驳肩缝

4. 做袖衩

（1）裁配大、小袖衩

按图4.148裁配大袖衩和小袖衩。

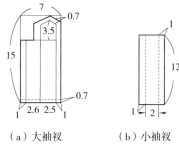

（a）大袖衩　　　（b）小袖衩

图4.148　裁配大、小袖衩

（2）扣烫大、小袖衩

将大袖衩缝份两边折缝，为了减少上段三角缝份处厚度，可将上段三角缝份重叠部分修剪（图4.149abc）。小袖衩两边分别折缝，折缝后的小袖衩宽为1cm（图4.149d）。折烫后的大、小袖衩，其上下层相差0.1cm。

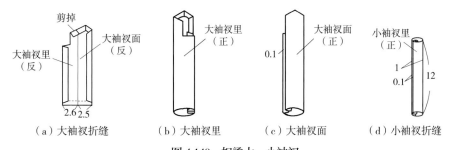

（a）大袖衩折缝　　（b）大袖衩里　　（c）大袖衩面　　（d）小袖衩折缝

图4.149　扣烫大、小袖衩

（3）剪袖衩位

在袖片后袖缝处开剪袖衩位，袖衩开剪长度约10cm，在顶端左右剪斜开口0.7cm（图4.150）。

图4.150　剪袖衩位

（4）缝缉大、小袖衩

先缝缉小袖衩，将小袖衩折缝放入袖片开剪缝份，然后把小袖衩骑缝在袖片衩位开口边上（图4.151a）。

再缝缉大袖衩，把大袖衩放入袖片开剪缝份中间，大袖衩位置摆放整齐，其三角顶部必须超过小袖衩，然后将大袖衩与袖片开口缝缉，正面缉线缝住袖衩里（图4.151b）。

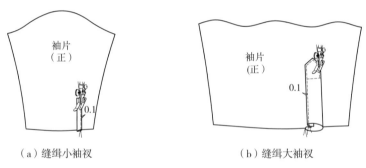

（a）缝缉小袖衩　　　　　　　　　（b）缝缉大袖衩

图4.151　缝缉大、小袖衩

（5）袖衩加片

男长袖衬衫的袖口设计了超宽袖克夫，为防止袖克夫不系纽扣时产生晃动现象，特意在袖衩处增加袖衩加片一块（图4.152），并将袖片下口的三个折裥熨烫定型（图4.153）。

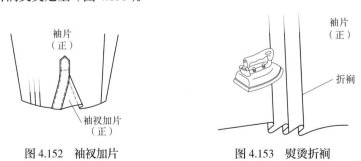

图4.152　袖衩加片　　　　　　　　图4.153　熨烫折裥

5. 绱袖

袖片与衣身袖窿的缝合采用"来去缝"方法缝缉。

将袖片放在下层，衣身袖窿放在上层，反面对反面，先缝缉第一道缝份，缉缝 0.6cm。之后将缝份修剪整齐后再翻过来，正面对正面，把第一道缉线放在里面，外面再缝缉第二道缝份，缉缝 0.8cm（图 4.154）。

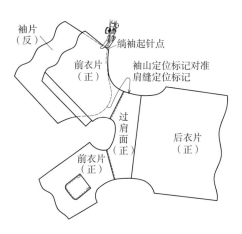

图 4.154　绱袖示意图

6. 缝合摆缝、袖底缝

摆缝和袖底缝的缝合采用"来去缝"方法缝缉。

将后衣片放在下层，前衣片放在上层，反面对反面，先缝缉第一道缝份，缉缝 0.6cm，之后将缝份修剪整齐后再翻过来，正面对正面，把第一道缉线放在里面，外面再缝缉第二道缝份，缉缝 0.8cm（图 4.155）。

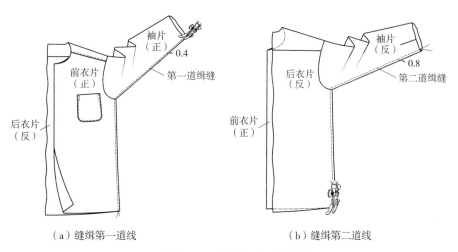

（a）缝缉第一道线　　　　　　　（b）缝缉第二道线

图 4.155　缝合摆缝、袖底缝

7. 缝缉袖克夫

（1）缝、烫袖克夫

袖克夫反面粘合薄型有纺粘合衬，然后正面对折；两边缝缉，缉缝 1cm（图 4.156a）。将缝缉好的袖克夫两边缝份修剪整齐，然后翻出，正面熨烫平服（图 4.156b）。

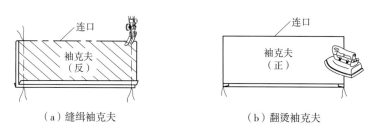

（a）缝缉袖克夫　　　　　　（b）翻烫袖克夫

图4.156　缝烫袖克夫

（2）缲袖克夫

采用夹缉的方法缲袖克夫。将袖片两端的大、小袖衩长短修剪整齐，之后放入袖克夫面、里夹层中间。大、小袖衩两头顶足袖克夫边沿，袖口折裥朝后袖方向折捣，然后夹缉袖克夫，夹缉缝份0.1cm（图4.157）。

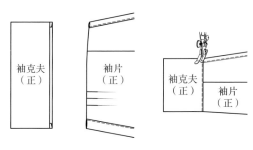

图4.157　缲袖克夫

8. 做领

（1）剪净领衬

将领型净样板摆放在树脂粘合衬（树脂粘合衬选用斜丝缕）上，用尖铅笔把领型净样划准确，然后剪下来，再检查左右领衬圆弧大小是否对称一致无误差（图4.158）。

图4.158　剪净领衬

（2）粘合领面与领衬

将剪好后的树脂粘合领衬放在领面的反面上，放入专用粘合机高温粘合定型处理（图4.159）。

图4.159　粘合领面与领衬

198　　　　　　　　　　　　　　　　　　　　　　　　　　　　　　　中华新唐装

（3）裁配领面、领里

领面与领里按领型净样板大小四周放缝0.8cm，领里两头可比领面尺寸略小0.3cm，主要是考虑领子要有里外匀窝势（图4.160）。

图4.160　裁配领面、领里

（4）缝合领面与领里

将领面与领里后中各打上一个定位标记，领里放在下层，领面放在上层，领面、领里正面相对。然后缝合领面与领里外口缝份，缝合到领子圆弧部位时，要把领里拉紧，使领面、领里产生里外匀窝势，同时将领面、领里后中定位标记对准，缝合到另一侧领子圆弧部位时，同样把领里拉紧。注意，缝合领面与领里时，缝缉线不能缉住领衬（图4.161）。

图4.161　缝合领面与领里

（5）烫领子缝份

将缝合后的领子缝份修剪整齐并折缝熨烫（图4.162），然后翻出熨平，并在领下口打上三个（左、右肩缝和后中缝）绱领时的定位标记（图4.163）。

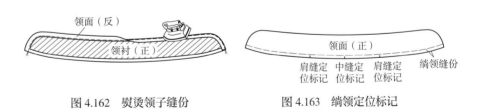

图4.162　熨烫领子缝份　　　　　图4.163　绱领定位标记

（6）领子成型

熨烫成型后的男长袖衬衫领子如图4.164所示。

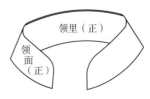

图4.164　领子成型图

9. 绱领

将衣身正面朝上，把领子放置在衣身领圈处，绱领过程对准左、右肩缝和后中缝三个定位标记，绱领缝份 0.8cm，缉线不能缉住领衬（图 4.165）。

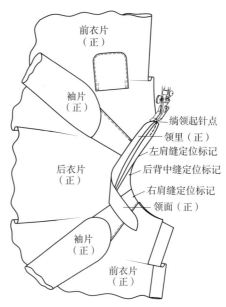

图 4.165　绱领示意图

10. 缝缲下摆贴边

缝缉下摆贴边前，先校对一下左右衣片的前衣襟长短，方法是将左右领口放整齐，左右衣襟摆平，看下摆处长短是否一致，如有长短应修剪调整。然后把挂面下角与衣片正面相对，缝缉下摆方角横头，修剪后翻出。

翻出下摆方角后用熨斗熨烫平服，然后扣烫下摆贴边 0.8cm 折缝，再扣烫 2cm 下摆贴边，同时将摆缝缝份朝前衣片方向坐倒。扣烫时将里襟格前角略为偏短 0.3cm，目的是防止衣襟叠上后里襟底角外露。最后用与面料相同色线手工缲缝。要求下摆方角整齐方正，贴边宽窄一致，平服不起皱，不起涟（图 4.166）。

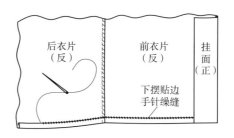

图 4.166　缝缲下摆贴边

11. 手工

手工缲缝领里和下摆贴边等部位要求针迹整齐、美观和牢固。

12. 盘扣

（1）做直脚盘扣

直脚盘扣制作方法参见第五章第五节盘扣相关内容。

（2）划直脚盘扣位

男长袖衬衫共缝钉蜻蜓头直脚盘扣15对，其中前衣襟处缝钉9对，左右两只袖克夫处各缝钉3对。

先确定前衣襟领口处第一对直脚盘扣缝钉位置（缃领的缝份之中），再确定前衣襟最下面一对直脚盘扣缝钉位置（离底边距离=1/4前衣长+2cm），然后三对盘扣一组等分，一组三对盘扣间距约4cm，将前衣襟处九对直脚盘扣缝钉位置用隐形划粉画在衣襟上（图4.167）。

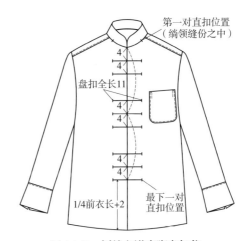

图4.167　划前衣襟直脚盘扣位

左右两只袖克夫处各缝钉三对直脚盘扣，三对盘扣间距约3.5cm，将缝钉位置同样用隐形划粉画在袖口上（图4.168）。

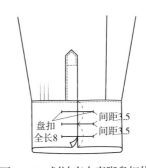

图4.168　划袖克夫直脚盘扣位

（3）钉直脚盘扣

蜻蜓头直脚盘扣的蜻蜓头直径约0.9cm，直脚盘扣缝钉组合好后全长为11cm，呈一字形，扣襻缝钉在左襟，扣头缝钉在右襟。男长袖衬衫前衣襟处缝钉蜻蜓头直脚盘扣三对一组，共三组九对（图4.169）。

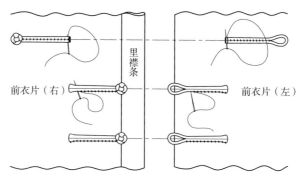

图 4.169　钉前衣襟盘扣

　　左右两只袖克夫处缝钉蜻蜓头直脚盘扣各三对一组，直脚盘扣缝钉组合好后全长 8cm，呈一字形（图 4.170）。

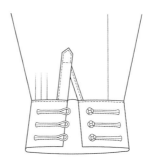

图 4.170　钉袖克夫盘扣

　　男长袖衬衫盘扣缝订后，每一对直脚盘扣装钉整齐、牢固、美观，左右对称、长短一致，扣襻与扣头松紧适宜。
　　男长袖衬衫成品示意如图 4.171 所示。

图 4.171　男长袖衬衫成品示意图

13.熨烫　　　　　　　　把男长袖衬衫平摊放在烫台上，其熨烫的基本顺序如下：

（1）内缝
将摆缝缝份向前烫倒，袖底缝的缝份也向前倒烫，同时将底边烫平。

（2）袖口与袖子
先烫袖口，再烫袖山、袖身；先烫左袖，再烫右袖。

（3）肩缝与后背
将前、后过肩缝熨烫平服，再将后背熨烫平服。

（4）领子
领圈四周熨烫平服，领子烫出里外匀窝势。

（5）左、右前衣片
胸袋熨烫平服，衣襟盘扣四周熨烫到位，挂面无牵吊现象。

四、质量要求

1. 规格尺寸允许偏差

① 衣长：偏差在 ±1.5cm。
② 胸围：偏差在 ±2.0cm。
③ 领围：偏差在 ±0.6cm。
④ 肩宽：偏差在 ±0.8cm。
⑤ 袖长：偏差在 ±1.0cm。

2. 缝制外观

（1）领子
领子左右圆弧对称，领面平服，不起皱，绱领前后、左右圆顺。

（2）胸袋
左胸袋位置准确，袋口平服，封口牢固，缉明线宽窄一致，无跳针和接线。

（3）衣襟
左右衣襟垂直平服、不起翘、不还口，衣襟方角大小一致。

（4）挂面

挂面平服、里襟条宽窄一致，缉缝顺直、松紧适宜。

（5）过肩

左右过肩平服，肩缝曲势均匀，不起涟、不歪斜，左右两肩对称。

（6）袖子

绱袖曲势均匀、无涟形，袖山头圆顺；两袖长短一致、不翻不吊、左右对称。袖克夫平服，两袖口大小一致，袖口处盘扣装钉位置准确、牢固、整洁。

（7）摆缝

左右两侧摆缝（包括袖底缝）无松紧涟形，缝份宽窄一致。

（8）底边

底边宽窄一致、顺直无弯曲，缲缝线顺直、松紧适宜。

（9）盘扣

盘扣间距均等、左右对称、长短一致、端正不歪斜；扣襻圈大小适宜，扣头紧密结实；扣襻和扣头缝钉位置准确、牢固、整洁；扣襻钉在左襟，扣头钉在右襟。

（10）标记

商标、尺码等标记，摆放位置准确，缝缉端正、牢固。

3. 综合要求

（1）产品整洁

成衣干净整洁，无油渍、污渍、极光，无多余线头和粉印。

（2）面料疵点

面料外观疵点符合产品要求。

（3）对花、对条或对格

左右衣襟、领子、袖子与前衣片、背中缝与后领、前后摆缝等处均要对花、对条或对格。

（4）产品色差

1号部位高于4级，2、3号部位不低于4级。

（5）针距密度

平缝机明、暗针每 3cm 14 ～ 16 针；手工缲针每 3cm 不少于 7 针。

（6）辅料配用

缝纫线、垫肩等辅料色泽和质地要与面料匹配。

4. 其他要求

（1）工艺

按照工序操作步骤和工艺标准执行，不擅自减少或改变工艺。

（2）缝制

无脱、毛、漏、跳针、破损等现象。

（3）熨烫

熨烫平、挺、煞，无极光、无烫黄变质等现象。

（4）包装

成衣用衣架挂装。

第四节
女短袖衬衫

一、款式造型

1. 款式图　　　　　　新唐装内穿女短袖衬衫正、反面款式如图 172 所示。

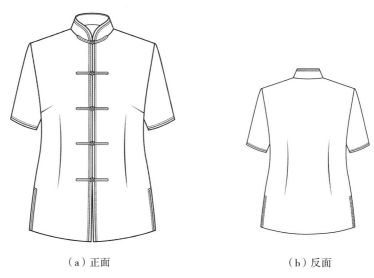

（a）正面　　　　　　　　　　（b）反面

图 4.172　女短袖衬衫款式图

2. 造型概述　　　　前衣襟为无叠门对襟形式，左襟格缝有里襟条一根，前衣襟方角下摆；领型为中式立领；衣襟止口与领口边沿分别用本色料滚边和镶色料一滚一嵌，本色料滚边宽度为 0.5cm，镶色料嵌线宽度为 0.2cm；前衣片两片，缝缉横胸省和竖腰省，前衣襟处竖排装钉五对镶色嵌线蜻蜓头直脚盘扣；后衣片一片缝缉腰省；一片袖型短袖，装袖，袖口边沿分别用本色料滚边和镶色料一滚一嵌；左右两侧摆缝下段开摆衩，摆衩边沿分别用本色料滚边和镶色料一滚一嵌。

二、制版裁剪

1. 规格尺寸　　　　号型 160/80A：前衣长为 64cm，胸围为 92cm，领围为 37cm，肩宽为 39cm，袖长为 20cm。

2. 结构制图

女短袖衬衫结构制图如图 4.173 所示。

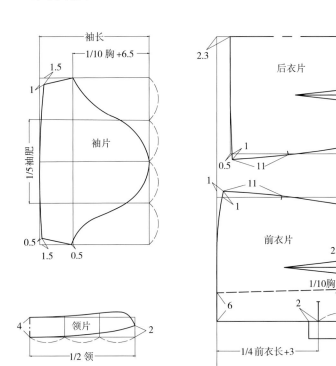

图 4.173　女短袖衬衫结构制图

3. 净样放缝

女短袖衬衫结构制图是净样制图，在制版裁剪时必须另行加放缝份（图 4.174）。

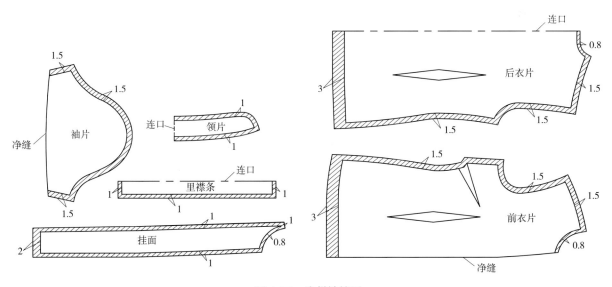

图 4.174　净样放缝图

三、操作流程

1. 缉省

（1）缉胸省

将前衣片胸省处正面相叠，直丝绺放在上层，斜丝绺放在下层，对准定位标记，左襟格衣片从外向里缝缉，右襟格衣片从里向外缝缉，省尖要缉尖，并留余线5cm打结，然后修剪留余线1cm（图4.175）。

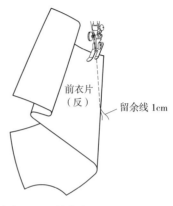

前衣片
（反）

留余线 1cm

图 4.175　缉胸省

（2）缉腰省

为防止缉腰省时丝绺移动，可采用薄纸片压住腰省的办法进行缝缉。从省尖处开始缝缉时，先空踏三针，然后再缝缉到衣片腰省省尖上面，省尖处不能打倒回针，留线头5cm打结，然后修剪留余线1cm（图4.176）。

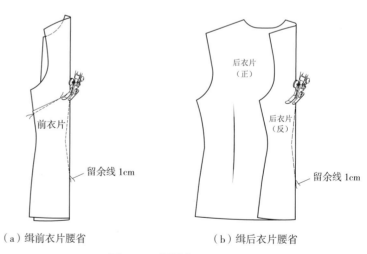

前衣片

留余线 1cm

（a）缉前衣片腰省

后衣片
（正）

后衣片
（反）

留余线 1cm

（b）缉后衣片腰省

图 4.176　缉腰省

2. 烫省

（1）烫前衣片胸腰省

将缝缉好的前衣片胸省缝份向上坐倒烫平，省尖处熨烫均匀，前衣片腰省缝朝止口方向坐倒烫平（图4.177a）。

208

（2）烫后衣片腰省

将后衣片腰省缝份朝后中方向坐倒烫平（图 4.177b），前、后衣片腰省的省尖部位胖势要烫匀、烫散，省尖四周不能产生折裥和起泡现象。

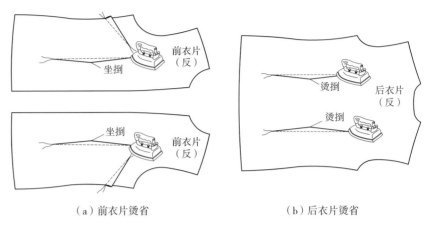

（a）前衣片烫省　　　　　　　　　（b）后衣片烫省

图 4.177　烫省

3. 做挂面

（1）缝、烫里襟条

女短袖衬衫左襟格衣襟止口处装连口里襟条一根，里襟条净宽为 3.5cm，长度按前衣襟最下面一对盘扣（第五对盘扣）缝钉位置向下 2cm。里襟条反面粘合薄型有纺粘合衬，正面对折后两头缝缉（图 4.178a），然后翻出烫平（图 4.178b）。

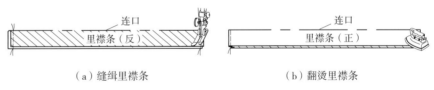

（a）缝缉里襟条　　　　　　　　　（b）翻烫里襟条

图 4.178　缝、烫里襟条

（2）挂面外口折边缲缝

挂面反面粘合薄型有纺衬，挂面外口先扣烫第一道折边 0.3cm，再扣烫第二道折边 0.6cm（图 4.179a），然后用手针将扣烫后的挂面外口折边缲缝（图 4.179b）。

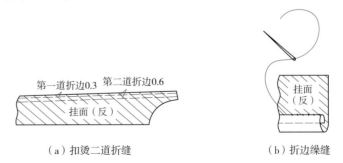

（a）扣烫二道折缝　　　　　　　　　（b）折边缲缝

图 4.179　挂面外口折边缲缝

4. 缝合肩缝

缝合肩缝采用"来去缝"方法缝缉。

把后衣片放下层，前衣片放上层，反面对反面，肩缝对齐，缝缉第一道缝份，缉缝 0.6cm（图 4.180a），然后将第一道缝份修剪整齐。再把前、后衣片翻转过来，前衣片放下层，后衣片放上层，正面对正面，缝缉第二道缝份，缉缝 0.8cm（图 4.180b）。缝合肩缝时，后衣片肩缝松度应大于前衣片肩缝。

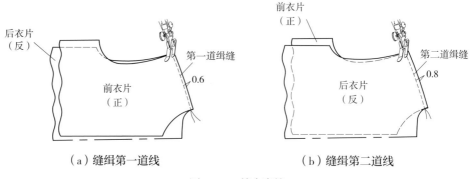

（a）缝缉第一道线　　　　　　　　（b）缝缉第二道线

图 4.180　缝合肩缝

5. 衣襟滚边与嵌线

女短袖衬衫在前衣襟止口和领口边沿处分别采用本色料滚边和镶色料嵌线，即一滚一嵌。本色料滚边宽度为 0.5cm，俗称"狭滚"；镶色料嵌线宽度为 0.2cm，俗称"细香嵌"。

（1）裁剪滚边条

选用与衣片相同的面料约 1m² 大小，涂抹上稀浆糊，待干后裁剪成 45° 斜度、宽 1.5cm 的滚边条，然后按折缝扣烫好。

（2）裁剪嵌线条

选用配色面料或素缎约 1m² 大小，涂抹上稀浆糊，待干后裁剪成 45° 斜度、宽 1.5cm 的嵌线条，然后对折扣烫好。

（3）缝缉右襟格滚边与嵌线

先将嵌线与滚条重叠后，按 0.3cm 缝份把嵌线与滚条缝缉。

把右襟格前衣片正面朝上放下层，然后把已缝合在一起的滚条嵌线放在前衣片止口处，按 0.4cm 缝份缝缉（图 4.181a）。

将缝缉后的衣襟止口进行适当地修剪，以确保缝份宽窄一致，然后把滚条翻转并熨烫平服，嵌线要露出 0.2cm（图 4.181b）。

把挂面倒向正面朝上放在下层，把右襟格前衣片倒向正面朝下放上层，上下两层止口对齐，然后按 0.4cm 缝份缝缉（图 4.181c）。

可再次将缝缉后的止口缝份进行修剪，然后将衣襟和挂面止口翻出熨烫平服（图 4.181d）。

210

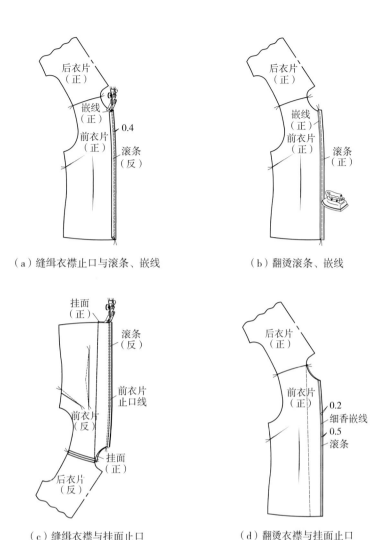

（a）缝缉衣襟止口与滚条、嵌线　　　　（b）翻烫滚条、嵌线

（c）缝缉衣襟与挂面止口　　　　（d）翻烫衣襟与挂面止口

图 4.181　缝缉衣襟滚边、嵌线

（4）缝缉左襟格滚边、嵌线和里襟条

缝缉左襟格止口滚条、嵌线方法同右襟格，但需增加里襟条，即在挂面与衣襟之间加放里襟条一根。衣襟止口一滚一嵌成型如图 4.182 所示。

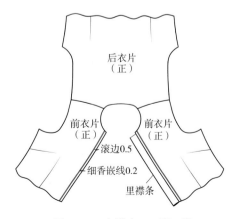

图 4.182　衣襟止口一滚一嵌

6. 绱袖

在绱袖之前，先将袖口滚边与嵌线（一滚一嵌）做好，方法同衣襟止口一滚一嵌。

袖片与衣身袖窿的缝合采用"来去缝"方法缝缉。

把袖片放下层，衣片袖窿放在上层，反面对反面，先缝缉第一道缝份0.6cm，将缝份修剪整齐后再翻过来，正面对正面，把第一道缉线放里面，外面再缝缉第二道缝份，缉缝0.8cm（图4.183）。

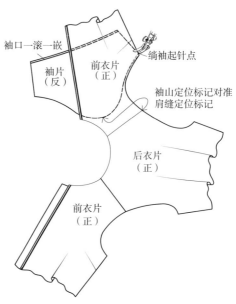

图 4.183　绱袖示意图

7. 缝合摆缝与袖底缝

缝合摆缝、袖底缝采用"来去缝"方法。摆缝下端有11cm摆衩要滚边与嵌线，需要修剪去掉此处缝份成净缝。

后衣片放在下层，前衣片放在上层，反面对反面，先缝缉第一道缝份0.6cm（图4.184a），然后修剪整齐再翻过来，正面对正面，把第一道缉线放在里面，外面再缉第二道缝份，缉缝0.8cm（图4.184b）。

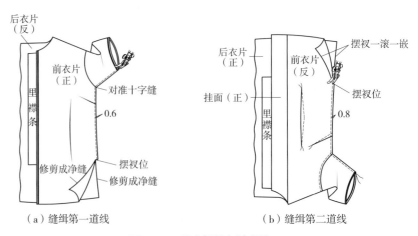

（a）缝缉第一道线　　　　　　　（b）缝缉第二道线

图 4.184　缝合摆缝与袖底缝

在缝合摆缝与袖底缝之后，再缝缉摆衩滚边与嵌线，摆衩也是一滚一嵌，操作方法同衣襟止口一滚一嵌。

8. 做领

（1）剪净领衬

将领型净样板摆放在树脂粘合衬（树脂粘合衬选用斜丝绺）上，用尖铅笔把领型净样划准确剪下来，然后检查领衬左右圆弧大小是否对称一致无误差（图 4.185）。

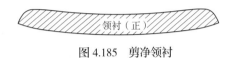

图 4.185　剪净领衬

（2）裁配领面与领里

领面选用横料，按领型净样板（或裁好的领衬）裁配，领上口净缝，领下口放缝份 0.8cm（图 4.186a）。领里选用横料或斜料，按领型净样板（或裁好的领衬）裁配，领上口和领下口四周放缝份 0.8cm（图 4.186b）。

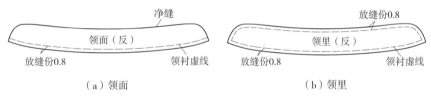

（a）领面　　　　　　　　　　　（b）领里

图 4.186　裁配领面与领里

（3）领面与领衬粘合

把剪好的树脂粘合领衬放在领面反面，放入专用粘合机高温粘合定型处理（图 4.187）。

图 4.187　领面与领衬粘合

（4）缉领口边沿滚条

领面的领口边沿采用"一滚一嵌"操作工艺，滚边成型宽度为 0.5cm，嵌线成型宽度为 0.2cm，裁剪滚边条 1.5cm 宽、嵌线条（镶色）1.5cm 宽，裁剪滚条与嵌线详见本节 5. 衣襟滚边与嵌线部分。

先将嵌线料反面对折，放在滚条正面边沿，按 0.3cm 缝份，缝缉在滚条料边沿上。然后把滚条与嵌线放在领面正面的领口边沿，按 0.4cm 缝份缝缉（图 4.188a），接着将滚条修剪后翻转并烫平（图 4.188b）。

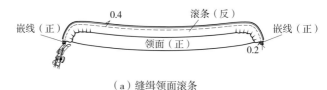

（a）缝缉领面滚条

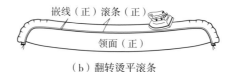

（b）翻转烫平滚条

图4.188　缉领口边沿滚条

（5）缝合滚条与领里

在领面与领里后中各打一个定位标记，把领面放在上层，领里放在下层，领面、领里正面相对。然后缝合滚条与领里外口缝份，缉缝约0.6cm。缝合到领子圆弧部位时，需把领里拉紧，使领面、领里产生里外匀窝势，同时将领面、领里后中眼刀对准，缝合到另一侧领头圆弧部位时，同样把领里拉紧。注意，缝合领面与领里时，缉线不能缉住领衬（图4.189）。

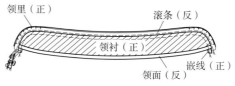

图4.189　缝合滚条与领里

（6）烫领子缝份

将缝合后的领子缝份进行修剪并折缝熨烫（图4.190），然后翻出熨平，并在领面反面的下口划上三个定位标记，即领中缝、左右两肩缝，这三个定位标记，供缍领时参考应用（图4.191）。

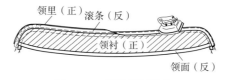

图4.190　熨烫领子缝份

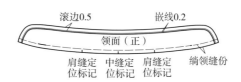

图4.191　缍领定位标记

（7）领子成型

熨烫成型后的女短袖衬衫领子一滚一嵌如图 4.192 所示。

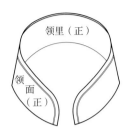

图 4.192　领子一滚一嵌成型图

9. 绱领

（1）绱领操作

绱领时，衣片领圈放在下层，领子放在上层，领子面与领圈面正面重叠，然后从左襟格开始绱领（图 4.193）；起针时，要与大身门襟滚条、嵌线对准，绱领缝份 0.8cm；整个绱领过程不能缉住领衬，绱领时要注意领后中眼刀、左右肩缝眼刀，这三处眼刀要对准，以防领子偏移走样。

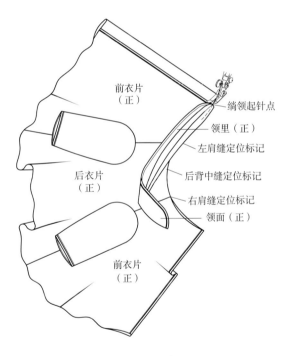

图 4.193　绱领示意图

（2）熨烫及手工

绱领结束后，把滚边条、嵌线条拼接缝份开烫平，然后将滚边条折转烫平，用手针将滚边条与挂面用本色缝线缲缝．最终完成绱领（图 4.194）。

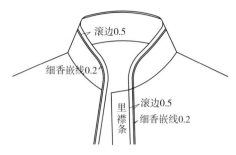

图 4.194　缲领成型图

10. 缝缲下摆贴边

　　缝缉下摆贴边前，先校对一下左右衣片的前衣襟长短，方法是将左右领口放整齐，左右衣襟摆平，看下摆处长短是否一致，如有长短应修剪调整。然后把挂面下角与衣片正面相对，缝缉下摆方角横头，修剪后翻出。

　　翻出下摆方角后用熨斗熨烫平服，然后扣烫下摆贴边0.8cm折缝，再扣烫2cm下摆贴边，同时将摆缝缝份朝前衣片方向坐倒。扣烫时将里襟格前角略为偏短0.3cm，目的是防止衣襟叠上后里襟底角外露。最后用与面料相同色线手工缲缝。要求下摆方角整齐方正，贴边宽窄一致，平服不起皱，不起涟（图4.195）。

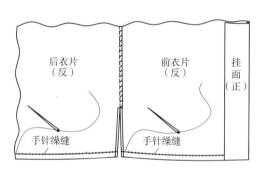

图 4.195　缝缲下摆贴边

11. 缲领里、装垫肩

　　（1）缲领里
　　手工缲领里和下摆贴边等部位要求针迹整齐、美观和牢固。

　　（2）装垫肩
　　把薄型海绵垫肩对折朝后1cm对准肩缝，然后在袖窿弧线用双股扎线将垫肩扎牢；装垫肩把垫肩放在下面，袖窿放在上面，同时扎线针脚不要太紧，使垫肩保持足够的松度和窝势。

12. 盘扣

　　（1）做直脚盘扣
　　蜻蜓头直脚盘扣制作方法参见第五章第五节盘扣相关内容。

216

（2）划直脚盘扣位

女短袖衬衫在前衣襟处共缝钉蜻蜓头直脚盘扣五对。

先确定前衣襟领口处第一对直脚盘扣缝钉位置（绱领的缝份之中），再确定前衣襟最下面一对直脚盘扣缝钉位置（离底边距离 =1/4前衣长 +3cm），然后五等分，将前衣襟处五对直脚盘扣缝钉位置用隐形划粉划在衣襟上（图 4.196）。

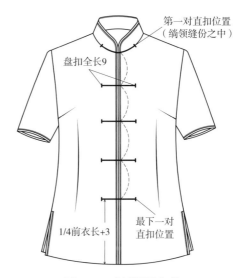

图 4.196　划直脚盘扣位

（3）钉直脚盘扣

蜻蜓头直脚盘扣的蜻蜓头直径约 0.8cm，直脚盘扣缝钉组合后全长 9cm，呈一字形；女短袖衬衫扣头缝钉在左襟，扣襻缝钉在右襟（图4.197）。

五对直脚盘扣位置间隔距离准确，扣头与扣襻组合松紧适宜，每对直脚盘扣缝钉整齐、牢固、美观，盘扣左右对称、长短一致。

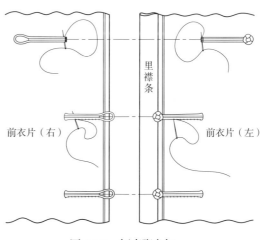

图 4.197　钉直脚盘扣

13. 其他手工　　　　　　女短袖衬衫的摆衩、底边、袖口、挂面下角等接缝处均需用手针缲缝（图 4.198）。

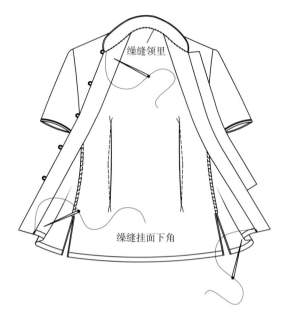

图 4.198　手工缲针示意图

女短袖衬衫成品示意如图 4.199 所示。

图 4.199　女短袖衬衫成品示意图

14. 熨烫　　　　　　女短袖衬衫的造型结构有胸省、腰省，因此熨烫这些部位时必须下垫"馒头"，其他部位只要摊放在烫台上熨烫即可，其熨烫过程如下：

（1）内缝
将摆缝缝份往前烫倒，袖底缝缝份也往前烫倒，同时将底边烫平。

　　　　　　　　　　　　　　　　　　　　　　　　　　　　中华新唐装

（2）袖口与袖子

先烫袖口后烫袖山及袖身，先烫左袖再烫右袖。

（3）肩缝与后背

将肩缝烫平，后腰省处及后背处熨烫平服。

（4）领子

领子要烫出里外匀窝势，领圈四周熨烫平服。

（5）左右前衣片

前衣片胸部下垫"馒头"，胸部熨烫饱满圆顺，胸省、腰省熨烫平服，腰胁处平整清晰，衣襟止口和盘扣四周熨烫平服，挂面无牵吊等现象。

四、质量要求

1. 规格尺寸允许偏差

① 衣长：偏差在 ±1.0cm。
② 胸围：偏差在 ±1.5cm。
③ 领围：偏差在 ±0.6cm。
④ 肩宽：偏差在 ±0.8cm。
⑤ 袖长：偏差在 ±0.6cm。

2. 缝制外观

（1）领子

领子左右圆弧对称；领面平服，不起皱，绱领前后、左右圆顺。

（2）衣襟止口

左右衣襟两格垂直平服，不起翘、不还口，长短一致；衣襟止口滚边和嵌线顺直平服、宽窄一致；衣襟方角大小两格一致。

（3）胸部

胸省平服、顺直，左右长短一致；胸省位置准确、左右对称。

（4）挂面

挂面平服，里襟条宽窄一致，缉缝顺直、松紧适宜。

（5）肩部

肩部平服顺直，不起涟，左右两肩对称。

（6）袖子

绱袖曲势均匀、准确并无涟形，袖山头圆顺；两袖长短一致，不翻不吊、左右对称；袖口平服，大小一致；袖口滚边和嵌线顺直平服、宽窄一致。

（7）腰部

前、后腰省平服、顺直、长短一致，腰部清晰无裢形。

（8）摆缝

摆缝（包括袖底缝）平服、顺直、宽窄一致；摆衩平服不起翘，长短一致；摆衩处滚边和嵌线顺直平服、宽窄一致。

（9）底边

底边宽窄一致、顺直无弯曲，缝线顺直、松紧适宜。

（10）盘扣

盘扣襻圈大小适宜，扣头紧密结实；扣襻和扣头装钉位置准确、牢固、整洁；盘扣位间距准确，盘扣左右对称、长短一致；扣襻装钉在左襟，扣头装钉在右襟。

（11）商标、标记

商标、号型标记、成分洗涤标记、尺码标记位置准确，缝缉端正、牢固、清晰。

3. 综合要求

（1）产品整洁

成衣干净整洁，无油渍、污渍、极光，无多余线头、线钉，无粉印。

（2）面料疵点

面料外观疵点符合产品要求。

（3）对花、对条或对格

左右衣襟、领子；袖子与前衣片、背中缝与后领；前后摆缝等处均要对花、对条或对格。

（4）产品色差

1号部位高于4级，2、3号部位不低于4级。

（5）针距密度

平缝机明、暗针每3cm 14～16针，手工缲针每3cm不少于7针。

（6）辅料配用

缝纫线、垫肩等辅料色泽和质地要与面料匹配。

4. 其他要求

（1）工艺

按照工序操作步骤和工艺标准执行，不擅自减少或改变工艺。

（2）缝制

无脱、毛、漏、跳针、破损等现象。

（3）熨烫

熨烫平、挺、煞，无极光、无烫黄变质等现象。

（4）包装

成衣用衣架挂装。

第五章 传统服装特色工艺

中国传统服装特色工艺的制作历史大致可分为三个阶段：初创诞生期，以原始社会后期我们的祖先发明骨针可以进行最简单的缝制雏形为标志；成长发育期，以商周奴隶社会为代表，这时期有了基本的织、绣、绘、染、裁、缝等制作工艺；发展成熟期，从汉唐开始至明清和民国，这时期服装制作工艺不断成熟与完善，具有浓厚的中国服装特色制作工艺，如滚边、镶边、嵌线、荡条、盘扣、刺绣和装饰等均已形成，并达到了一个高峰。在漫长的历史岁月中，勤劳勇敢、自强不息的中国劳动人民通过对中国服装制作工艺的探索实践，不断进行改革和创新，从简单到复杂、由粗糙到精湛，最终在世界服装领域里，创立出独树一帜的中国传统服装特色工艺。

　　中国传统服装特色工艺种类诸多，本章介绍最主要的七种，分别是滚边、镶边、嵌线、荡条、盘扣、刺绣和装饰。

第一节

滚边

滚边，同"绲边"，统称"滚边"，是一种用斜丝缕的窄长布条把衣服的某些边沿部位包裹，并以此作为装饰衣服美观的制作工艺。滚边除了起到装饰美观作用以外，还具有能使衣服边沿光洁、牢固的实用功能。滚边是中国传统服装特色工艺中最常用的制作工艺，又可称为滚条工艺。

滚边的布料既可以选用面料，也可以选用里料；颜色既可以与衣服面料本色同色，也可以根据衣服面料的颜色进行不同的选料配色。

一、滚边分类

滚边分类主要有狭滚、阔滚、细滚、双滚、多滚和花鼓滚等。

1. 狭滚

狭滚俗称"一分及一分半滚"，即成型后的滚边宽度为 0.3～0.5cm。狭滚造型美观，缝制难度适中，是传统服装制作中选用最多、应用最广泛的滚边种类。在定制旗袍时，若没有其他特殊的约定，多数旗袍的滚边就是选用狭滚（图 5.1）。

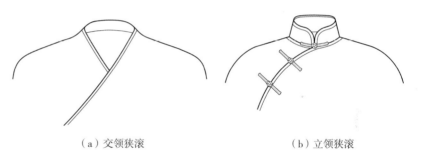

（a）交领狭滚　　　　　　　　（b）立领狭滚

图 5.1　狭滚

2. 阔滚

滚边宽度大于 0.5cm 以上称为阔滚（图 5.2），阔滚有 0.6cm（二分滚）、0.9cm（三分滚）、1.5cm（五分滚）和 3cm（一寸滚）不等。阔滚的宽度可以依照衣服的不同设计要求进行选择。

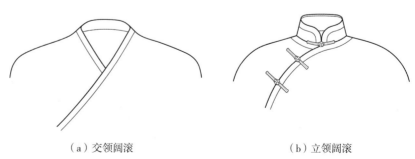

（a）交领阔滚　　　　　　　　（b）立领阔滚

图 5.2　阔滚

3. 双滚

双滚，是指在衣服的领口、衣襟、底边和袖口等处的边沿进行两次滚边（图5.3）。双滚一般选用两种不同颜色的衣料，以突出两种不同颜色滚边后的视觉美感，双滚中单根滚边的宽度约为0.5cm。

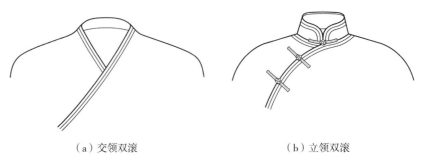

（a）交领双滚　　　　　　　（b）立领双滚

图5.3　双滚

4. 多滚

多滚，是指两根以上滚条的滚边，如三根滚条、四根滚条分别称三滚、四滚（图5.4）。多滚通常采用不同颜色的衣料进行滚边，以突出每根滚条之间视觉反差效果。多滚从第一滚开始，后面每次滚边都必须要留出剩余几根滚边宽度的距离位置，多滚中单根滚边的宽度约为0.5cm。

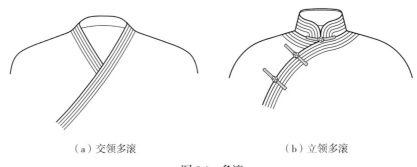

（a）交领多滚　　　　　　　（b）立领多滚

图5.4　多滚

5. 细香滚

因滚边的宽度宛如一枝燃烧的卫生细香，故被称为"细香滚"。细香滚的滚边宽度一般只有0.2cm左右（图5.5）。细香滚的制作难度较大，操作时稍有不慎，衣料边沿就会损坏。

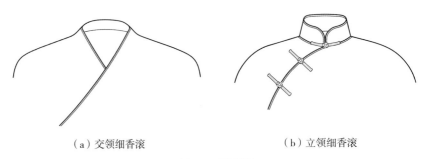

（a）交领细香滚　　　　　　（b）立领细香滚

图5.5　细香滚

6. 花鼓滚

花鼓滚，是指先在不规则形状的衣片部件边沿上滚边，然后再把这块滚边好的衣片部件缝缉到衣身上。花鼓滚通常用于衣襟和袖子中段等部位的装饰（图5.6）。

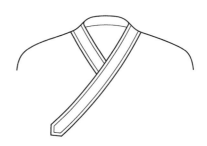

图5.6　花鼓滚

二、滚边制作

滚边制作工艺操作流程包括布料上浆、裁剪滚条、拼接滚条、压扣滚条、缝缉滚条和手缭滚条或缝纫机密缉滚条等步骤。

1. 狭滚

狭滚制作工艺操作步骤如下：

（1）布料上浆

把选用的布料反面向上，摊平放置在工作台上。用刮浆刀蘸稀释的浆糊均匀地涂抹布料上面，涂抹时用力要轻，不能使浆糊渗透到布料的正面（图5.7a）。等待布料自然干燥后用熨斗烫平，然后用两手扯住布料的左右对角，反复轻轻拉动（图5.7b），使上浆后呈硬板状的布料恢复弹性和柔软感。

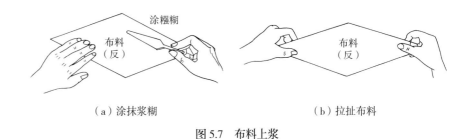

（a）涂抹浆糊　　　　　　　　　（b）拉扯布料

图5.7　布料上浆

（2）裁剪滚条

裁剪滚条时必须正确选择布料的斜向，俗称"断丝绺"裁剪（图5.8）。操作方法是把上过浆拉扯柔软后的布料，反面朝上放置在工作台上。然后按布料45°断丝方向划裁剪印线，滚条的宽度为1.5～4cm。如果裁剪滚条时斜度不足或斜向搞错，滚边成型后会产生涟形或滚条起空、不紧密等现象。

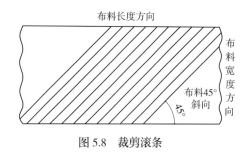

图 5.8　裁剪滚条

（3）拼接滚条

衣襟、下摆等较长部位处的滚边，通常需要两根或三根以上滚条拼接后才能达到所需的长度。将裁剪好的两根滚条正面相对，首尾相接，按照布料经纱丝绺缝缉，缉缝为 0.6cm，之后把拼接缝份修剪整齐，并分开烫平（图 5.9）。

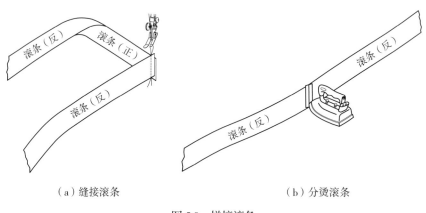

（a）缝接滚条　　　　　　　　　　（b）分烫滚条

图 5.9　拼接滚条

（4）扣压滚条

传统工艺方法扣压滚条时，采用过水线法拉一条直线水迹印，然后按照这条直线水迹印扣压出一个折缝（图 5.10）。具体做法：将一根约 60cm长的棉线放在盛水碗中浸湿后取出，接着以左手的食指与拇指捏住湿水线的一端，按放在滚条折缝的一头，右手拇指与食指捏住湿水线的另一端，按放在滚条折缝的另一头；然后轻轻来回拉动，经湿水线拉过的地方就会留下一条水迹印。然后按照水迹印进行折缝，可以用拇指扣压或用熨斗扣烫滚条折缝，扣压滚条折缝有单边折缝和双边折缝（图 5.11）。

（5）缝缉滚条

将扣压好折缝的滚条（图 5.12a）放置在衣片的边沿上，用手针或缝纫机沿着折缝或按缝份缝缉（图 5.12b），然后将滚条翻转烫平（图 5.12c），最后再包转折缝烫平。如遇缉缝弯曲不整齐时，必须先将缉缝修剪整齐后再翻转烫平。

228

图 5.10　过水线法

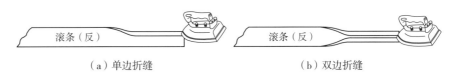

（a）单边折缝　　　　　　　　　　（b）双边折缝

图 5.11　扣压滚条折缝

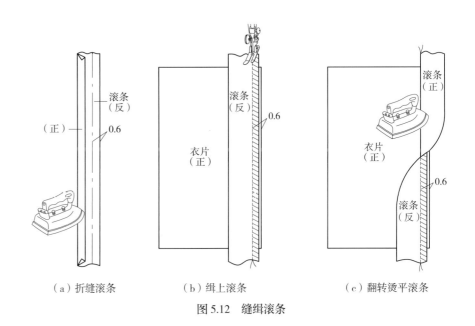

（a）折缝滚条　　　　　　（b）缉上滚条　　　　　　（c）翻转烫平滚条

图 5.12　缝缉滚条

（6）手缲滚条或机缉滚条

将翻转烫平后的滚条包裹住衣片边沿缝份，且一定要将滚条包裹密紧，否则滚条成型后会产生不直或起空的现象。如果采用手针操作，则在衣片反面将滚条用手针缲住衣片（图5.13）；如果采用缝纫机操作，多数选择从衣片正面用漏落针法缝缉，正面针迹不能缝缉在滚条上，反面针迹则要缝缉在滚条止口边缘上，反面滚边包裹宽度可增加至0.7cm（图5.14）。

（7）注意事项

① 为了能使滚边成型后紧密结实、宽窄一致，可在滚条与衣片缝缉后，对缝份进行必要的修剪，以确保滚边成型后宽窄一致。

② 滚条放在衣片上缝缉时，直缝部分滚条放平缝缉，凹进（内圆）部分滚条宜拉紧缝缉，凸出（外圆）部分滚条应放松缝缉（图5.15）。

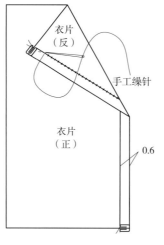 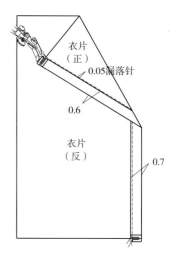

图 5.13　手工缲针滚条　　　　　　　　图 5.14　缝纫机缝缉滚条

图 5.15　滚条凹凸部位缝缉示意图

2. 阔滚

阔滚制作工艺与狭滚制作工艺相同，裁剪时要计算好阔滚滚条的宽度，按照设计时所需滚条宽度匹配即可。

3. 双滚

双滚时的滚条布料颜色既可以与衣料同色，也可以根据衣料的颜色进行不同的配色。双滚时选用的滚边宽度，多为 0.3 ~ 0.6cm 不等。

如设计双滚的两根滚条总宽度为 1.2cm，即第一、二根滚条宽度都是 0.6cm（两根滚条宽度也可以不同）。需要裁剪第一根滚条布料（第一滚）宽度约为 2cm，第二根滚条布料（第二滚）宽度约为 2.5cm。

双滚两种操作方法如下。

第一种操作方法，先将一根滚条（2.5cm 宽）缝缉在另一根（2cm 宽）滚条上，然后正面翻转烫平，再将 2cm 宽滚条另一边缝缉到衣片边缘上，此时缝缉线与衣片边沿须留出双滚两根滚条宽度 1.2cm 距离，然后翻转烫平，最后包转后用手工缲针滚条或用缝纫机密缉滚条（图 5.16）。

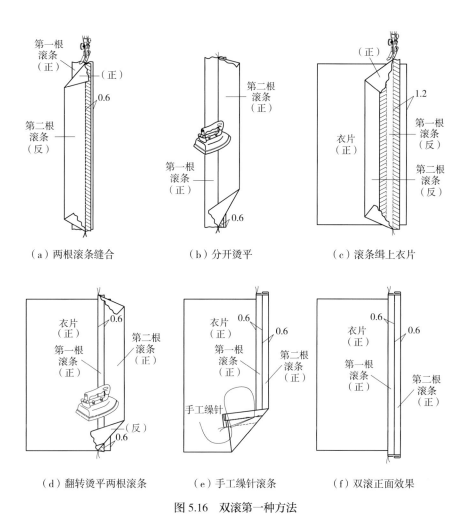

（a）两根滚条缝合　　　　　　（b）分开烫平　　　　　　（c）滚条缉上衣片

（d）翻转烫平两根滚条　　　（e）手工缲针滚条　　　　（f）双滚正面效果

图 5.16　双滚第一种方法

　　第二种操作方法：先将第一根（2cm宽）滚条缝缉到衣片的边缘上，此时第一滚缝缉线与衣片边沿必须留出双滚两根滚条宽度1.2cm距离，然后将第一根滚条翻转烫平；再将第二根（2.5cm宽）滚条缝缉到第一根滚条的边沿上，第二滚缝缉线与衣片边沿留出一根滚条宽度0.6cm距离，然后将第二根滚条包转烫平，最后用手针缲针滚条或缝纫机密缉滚条（图5.17）。

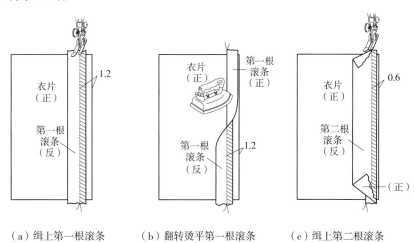

（a）缉上第一根滚条　　　（b）翻转烫平第一根滚条　　　（c）缉上第二根滚条

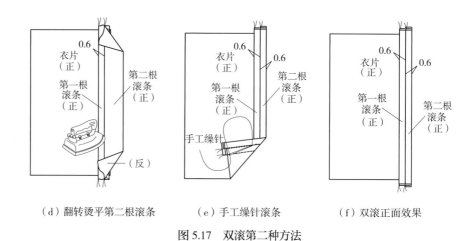

（d）翻转烫平第二根滚条　　　　（e）手工缲针滚条　　　　（f）双滚正面效果

图 5.17　双滚第二种方法

双滚两种操作方法都各有其优缺点：第一种方法操作较为省事简单，适宜于直线型双滚，但不适宜曲线型滚边。第二种方法虽然麻烦，但适宜于曲线型双滚，甚至三滚和多滚。必须提醒，采用第二种方法双滚第一滚时，必须在衣片边沿留出第二根滚边的位置。

4. 多滚

多滚制作工艺操作可参考双滚第二种操作方法。必须提醒，多滚第一滚时，必须在衣片边沿留出剩余几根滚边的宽度位置，以后每下一次滚边以此类推。

5. 细香滚

细香滚制作工艺除了参考狭滚制作工艺之外，还必须注意以下几点：

（1）如遇质地较为疏松布料的衣片，必须先在衣片边沿处进行上浆处理，以防止衣片布边丝缕涉出脱落。

（2）细香滚的滚条宽度裁剪时控制在约 1.2cm，手工或缝纫机缝缉缝份 0.3cm，滚条沿边扣转 0.3cm 折缝。

（3）细香滚的滚条与衣片缝缉后需将缝份修剪整齐，留缝份 0.15cm，然后将滚条包裹衣片边沿，并且包紧，之后用手针缲缝住衣片。

6. 花鼓滚

采用花鼓滚制作工艺的服装一般都选用较高档的衣料。除了先在裁好形状的衣片部件上进行滚边，还会在裁好形状的衣片部件上绣上花纹图案，以突出此部件的美感（图 5.18）。

滚边（阔滚）特色工艺制作后，成衣效果如图 5.19 所示。

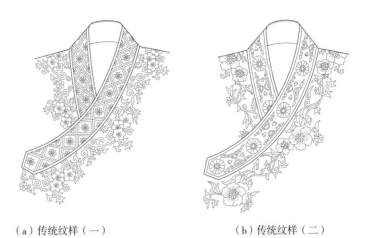

（a）传统纹样（一）　　　　　　　　　　（b）传统纹样（二）

图 5.18　绣有纹样的花鼓滚

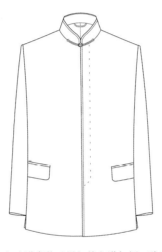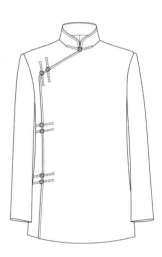

（a）暗襟唐装（男）前衣襟与领口狭滚　　　　　（b）偏襟唐装（男）衣襟狭滚

（c）对襟唐装（男）前衣襟与领口阔滚　　　　　（d）对襟唐装（女）前衣襟与领口阔滚

图 5.19　滚边特色工艺成衣图

第二节
镶边

镶边，是指用布条、花边、绣片等条形或块形的衣片部件缝缉拼接在衣襟的边缘或拼接在领子、袖子等处的边缘部位，形成与衣身、袖片等处的衣料或颜色有明显的差异或区别的制作工艺。同时，镶边在中国传统服装特色工艺里还包含另外一种含义，即"镶色"。

一、镶边与镶色

1. 镶边

镶边是指在衣襟、领口、衩边、底边、袖口边、裤脚边等部位的边缘缝缉拼接上另外裁剪的一条布条边，这一条缝拼上的布条边不论宽窄都称"镶边"（图 5.20）。

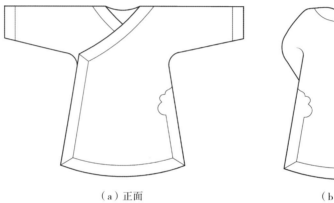

（a）正面　　　　　　　　　　（b）反面

图 5.20　镶边

2. 镶色

镶色，是指在衣襟、领口、衩边、底边、袖口、裤脚边等部位的边缘缝缉拼接上另外裁剪的一条与身衣不同颜色的布条边（图 5.21）。另一种说法是：镶色是指所有的中国传统服装特色工艺（如滚、镶、嵌、荡、盘、绣和饰）中与衣服的配色。中国传统服装制作向来注重镶色，并在滚、镶、嵌、荡、盘、绣和饰等各个特色工艺制作过程中，形成了各自独特的镶色方法。

（a）正面　　　　　　　　　　（b）反面

图 5.21　镶色

二、镶边（色）种类

镶边（色）种类主要分为边条（色）镶和块条（色）镶。

1. 边条（色）镶

边条（色）镶是最常用的镶边（色）制作，适用于衣襟、袖口和下摆等处的镶边（图 5.22）。

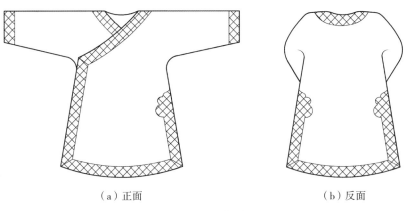

（a）正面　　　　　　　　　　　（b）反面

图 5.22　边条（色）镶

2. 块条（色）镶

条形、方形、长方形、圆形、三角形、多边形等各种形状的块条（色）镶可用于衣服某些部位，如衣襟领口、下摆、袖口处的镶边（图 5.23）。

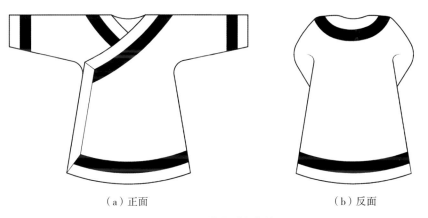

（a）正面　　　　　　　　　　　（b）反面

图 5.23　块条（色）镶

三、镶边（色）制作

镶边（色）布料的裁剪有两种方法：一是与被拼镶部位处的衣片丝缕保持一致，二是如同裁剪滚条一样采用斜丝缕。镶边的宽度一般在 5cm 以上，同时注意保持镶边布料的完整性，除了衣襟斜角处允许有 45° 拼缝以外，其他部位一般不允许出现拼接缝份。镶边布料的外口可以与衣服边缘的形状保持一致，里口又可分为与外口平行式和变形式两种。

例如，旗袍下摆处的开衩，若选用如意形边条镶，就是属于外口平形式和里口变形式镶边，它是镶边工艺中最具代表性的款式之一。

下面介绍如意形边条镶制作步骤。

1. 裁剪粘合衬

按照如意形边条镶净样，裁剪如意形薄型粘合衬四片（图5.24a）。

2. 裁剪镶边条

把裁剪好的如意形粘合衬片放置在镶边布料上，按照放缝要求进行裁剪，如意形镶边条平形外口放缝份0.7cm，变形里口放缝份0.5cm，镶边条长度则根据款式需要确定（图5.24b）。

3. 粘合镶边条

把如意形粘合衬片粘合在如意形镶边条反面，然后在里口变形缝份弧度处剪若干个眼刀（图5.24c）。

4. 扣烫镶边条

把剪好眼刀的里口变形缝份向内侧扣烫，并少许涂上糊浆把里口变形缝份粘合固定（图5.24d）。

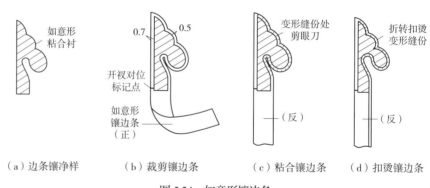

（a）边条镶净样　　（b）裁剪镶边条　　（c）粘合镶边条　　（d）扣烫镶边条

图5.24　如意形镶边条

5. 缝合镶边条

将如意形镶边条平形外口正面与衣片边沿反面相对，然后在如意形镶边条平形外口按0.7cm缝份缝缉；底边摆角处镶边条的缝制处理方法有两种：一种是采取斜角直接折叠缝缉的方法；另一种是先采取45°斜角拼缝，再将拼缝分缝后进行缝缉（图5.25）。

6. 翻烫镶边条

将缝缉后的如意形镶边条缝份修剪整齐，把镶边条翻转烫平，并少许涂上糊浆与衣片正面粘合固定（图5.26）。

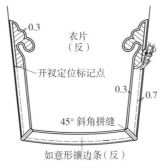
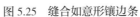
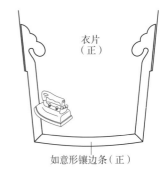

图5.25 缝合如意形镶边条　　　　　图5.26 翻烫如意形镶边条

7. 缲缝镶边条

在衣片正面采用手针把如意形镶边条里口变形边沿与衣片缲缝（图5.27），注意缲缝时如意镶边条应左右对称、宽窄一致，针迹长短整齐，缲线松紧适宜，底边镶边条两端45°斜角处不歪斜。

8. 熨烫镶边条

把缲缝后的如意形镶边条进行熨烫整理，最终完成如意形镶边制作（图5.28）。

图5.27 缲缝如意形镶边条　　　　　图5.28 熨烫如意形镶边条

镶边（色）特色工艺制作后，成衣效果如图5.29所示。

图5.29 镶边（色）特色工艺成衣图

第三节
嵌线（条）

嵌线（条），是指在两块衣片之间或在滚边或镶边的里口嵌入细条状的中国传统服装特色工艺之一。

"嵌"有嵌线和嵌条两种，统称为"嵌线（条）"。嵌线（条）按照缝合的部位不同，分为外嵌线（条）和里嵌线（条）两种。外嵌线（条）一般是指在领口、门襟、袖口等止口外面的嵌线（条）；里嵌线（条）一般是指在滚边、镶边等里口或者两衣片拼缝之间的嵌线（条）。

一、嵌线分类

嵌线分为单线嵌、双线嵌、夹线嵌等，单线嵌、双线嵌的嵌线内一般不衬线绳，外观呈扁形状，夹线嵌的嵌线内衬有线绳，因而外观呈圆形状。

1. 单线嵌

单线嵌即为一根嵌线，单嵌线的宽度有狭嵌（0.3cm）、细嵌（0.15cm）和宽嵌（0.6cm）不等，为了突出视觉效果，单嵌线可采用与衣片不同颜色或质地的材料。

单嵌线的缝制工艺制作如图5.30所示。

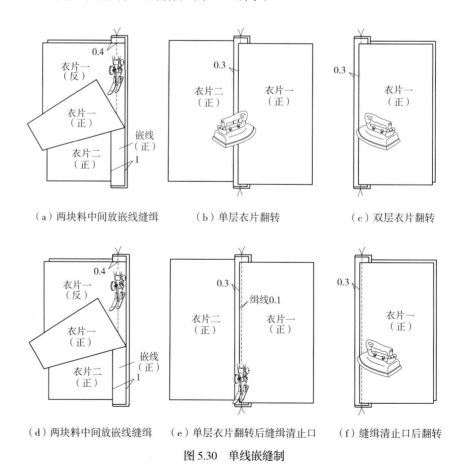

（a）两块料中间放嵌线缝缉　　（b）单层衣片翻转　　（c）双层衣片翻转

（d）两块料中间放嵌线缝缉　（e）单层衣片翻转后缝缉清止口　（f）缝缉清止口后翻转

图5.30　单线嵌缝制

2. 双线嵌

缝有两根嵌线为双线嵌，两根嵌线宽度可相同，也可以不同。下面介绍其中一种双线嵌缝制工艺，操作步骤如下：

① 取两块相同或不同颜色的布片，分别裁剪成45°的斜条，一斜条宽为2cm，另一斜条宽为2.5cm，然后将两片斜条对折烫平成嵌线条。

② 将两块嵌线条重叠，折边处错落0.2cm左右，用手缝临时固定，线迹以隐而不见为好。

③ 将两块固定好的嵌线条夹放在两块正面相对的衣片之间，用手针或缝纫机缝缉将三者缝合固定。

④ 翻转其中一片布料，用熨斗烫平即可呈现出双线嵌的效果（图5.31）。

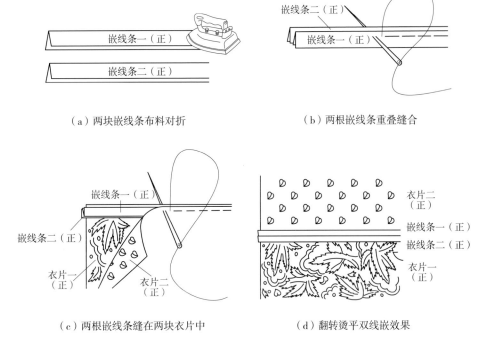

（a）两块嵌线条布料对折　　　　　　（b）两根嵌线条重叠缝合

（c）两根嵌线条缝在两块衣片中　　　　（d）翻转烫平双线嵌效果

图5.31　双线嵌缝制

3. 夹线嵌

夹线嵌，顾名思义是在嵌条内夹放一根线（线的粗细可根据需要而定），然后将此夹线嵌条缝缉在衣片上。

夹线嵌的缝制工艺操作如下：

先将约3cm宽的斜料嵌条反面对折，内衬蜡线或粗纱线（主要是为了增加嵌线的立体感，内衬的蜡线或粗纱线必须事先作缩水处理），并用手针或缝纫机缝缉，将衬线固定。接着把夹线嵌条放置在两块正面相对的衣片之间，然后用手针或缝纫机缝缉将三者缝合固定（图5.32）。

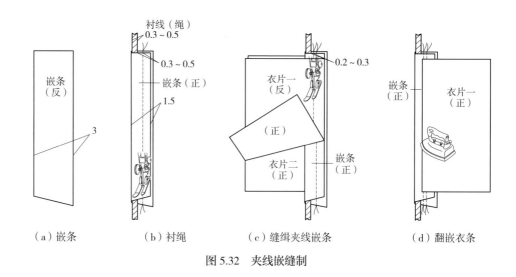

（a）嵌条　　　　（b）衬绳　　　　（c）缝缉夹线嵌条　　　　（d）翻嵌衣条

图 5.32　夹线嵌缝制

二、嵌条分类

嵌条分为滚嵌条和镶嵌条等。

1. 滚嵌条

滚嵌条是滚边和嵌线工艺的组合，指在衣片边沿外口滚边、里口嵌线的缝制组合工艺（图 5.33）。滚边与嵌条两种工艺的结合能产生精致细巧的视觉反差效果。常见的滚嵌条有一滚一嵌，复杂的滚嵌条有一滚二嵌等。

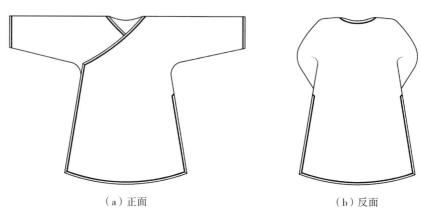

（a）正面　　　　　　　　　　　　（b）反面

图 5.33　滚嵌条

2. 镶嵌条

镶嵌条是镶边和嵌线工艺的组合，指在衣片边沿外口镶边、里口嵌线的缝制组合工艺（图 5.34）。镶边与嵌条两种工艺的结合，能产生出宽阔细腻的视觉反差效果。常见的镶嵌条有一镶一嵌，复杂的镶嵌条有一镶二嵌等。

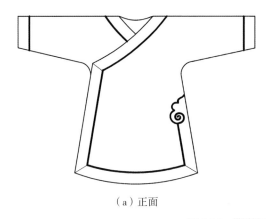

（a）正面   （b）反面

图 5.34　镶嵌条

三、滚（镶）嵌条制作

滚嵌条与镶嵌条的缝制工艺操作基本相同。

1. 做嵌条

嵌条裁剪方法与滚条相同，取 45°斜料，对折烫平，中间嵌上细线（一般可不放），嵌条的宽窄程度可根据设计要求决定，一般为 0.2 ~ 0.6cm 不等，嵌条的长度按所需确定。

2. 滚嵌条或镶嵌条

嵌条做好后，将嵌条放置在衣片正面边沿处，再把滚条或镶边条放置在嵌条上面，然后一起按工艺要求缝缉，最后翻转烫平即可产生滚嵌条或镶嵌条缝制后的效果。

嵌线条（滚、嵌、镶）特色工艺制作后，成衣效果如图 5.35 所示。

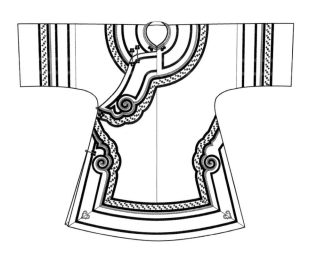

图 5.35　嵌线条（滚、嵌、镶）特色工艺成衣图

第四节
荡条

荡，同"宕"，俗称"荡条"，是指在衣服某些部位（一般不在衣服的边沿外口部位，而是在衣服的边沿部位里面）缝上细长条形状布条或条状装饰物的中国传统服装特色工艺之一。

荡条与滚边和镶边的区别：滚边和镶边主要是缝缉或缝拼在衣襟、领口、衩边、底边、袖口边、裤脚边等处的边沿部位；而荡条是缝缉在衣襟、衩边、底边、袖口边、裤脚边等边沿的里面部位。

一、荡条分类

荡条种类分为一荡、二荡、三荡等，一般把三荡以上称为"多荡"，此外，还有各种形状的花形荡条。

1. 一荡

在衣服边沿部位的里面缝缉一根荡条（图5.36）。

（a）正面　　　　　　　　　　　（b）反面

图 5.36　一荡

2. 二荡

在衣服边沿部位的里面缝缉二根荡条（图5.37）。

（a）正面　　　　　　　　　　　（b）反面

图 5.37　二荡

242

3. 多荡

在衣服边沿部位的里面缝缉三根以上的荡条（图5.38）。

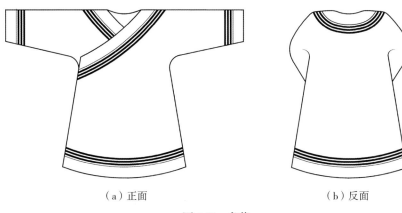

（a）正面   （b）反面

图 5.38　多荡

4. 花形荡

把荡条制作成各种花色形状，在衣服边沿部位的里面缝缉荡条（图5.39）。

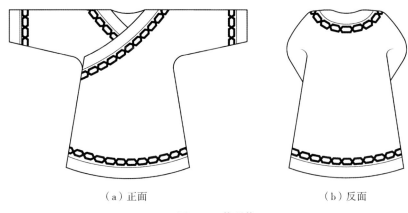

（a）正面   （b）反面

图 5.39　花形荡

二、荡条制作

荡条最大的特点是可以根据设计需要进行弯曲造型，制作成各种花形荡条。荡条有窄有宽，宽度为 0.5～1cm 不等。荡条的花形种类很多，有简单形状花形和复杂形状花形。由于荡条缝缉在衣片上时需要弯曲，一般宽度不宜超过 1cm。荡条既可以用与衣片同色料做，也可以用不同色料做，荡条裁剪时一般选用斜料。

1. 单层荡条和双层荡条

单层荡条是将荡条的一边折光后，按照荡条造型的宽窄缝缉在衣片上，然后翻转烫平后再缝缉；双层荡条是先将荡条反面对折，烫好后按荡条造型的宽窄缝缉在衣片上，然后翻转烫平后再缝缉。

2.暗线荡条和明线荡条

暗线荡条是将荡条缝缉在衣片上后翻转烫平，然后用手针缭缝，则荡条表面两边均无明线迹可寻。

明线荡条又称"压条"，是指在荡条的两边缝缉明线。荡条第一道缝线缝缉后，随后翻烫平，然后在荡条两边沿止口缝缉明线，成为双明线；也可在荡条一边缝缉明线，称为单明线。

3.荡条工艺操作

荡条分为直形和花形两种。直形荡条适合直线型或弯曲程度较小的部位制作，花形荡条适合弯曲程度较大或有花形要求的部位制作。直形荡条工艺制作由裁剪荡条和缝缉荡条组成，花形荡条工艺制作必须先按设计造型制作荡条，俗称"手盘荡条"，然后再将制作完成造型的荡条缭缝在衣片所需部位上。

（1）直形荡条缝制

① 裁剪荡条。操作步骤分别是布料上浆、裁剪荡条和拼接荡条，具体方法可以参照滚边制作方法。

直形荡条有单层与双层之分，如所需荡条设计宽度为1cm，则裁剪荡条的单层荡条宽度为2cm，双层荡条宽度为3cm。扣烫单层荡条时，将单边或两边毛缝扣光；扣烫双层荡条时，只需将荡条反面对折烫平即可（图5.40）。

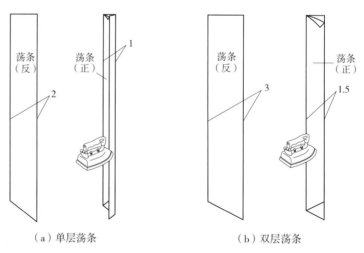

（a）单层荡条　　　　　　　（b）双层荡条

图5.40　裁剪与扣烫荡条

② 缝缉荡条。单层荡条：把荡条的一个0.5cm折缝缝缉在衣片所需部位，然后将荡条翻转烫平，再采用缝纫机缝缉荡条边沿止口，缉缝0.1cm；或采用手工针法将荡条边沿与衣片缭缝。荡条正面两边缝纫机缝缉为明线荡条，手工缭缝为暗线荡条（图5.41）。

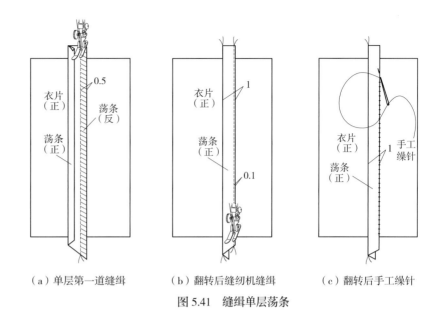

| （a）单层第一道缝缉 | （b）翻转后缝纫机缝缉 | （c）翻转后手工缲针 |

图 5.41　缝缉单层荡条

　　双层荡条：把对折后的双层荡条毛边缝缉在衣片所需部位上，然后翻转烫平，在荡条边沿止口处，再采用缝纫机缝缉或用手针缲缝。缝纫机缝缉为明线荡条，手针缲缝为暗线荡条（图 5.42）。

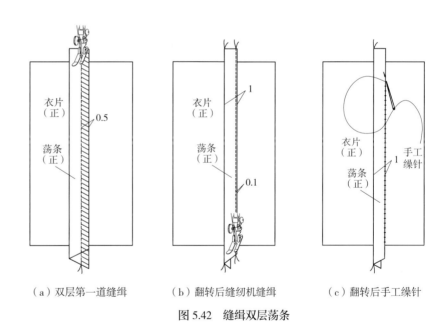

| （a）双层第一道缝缉 | （b）翻转后缝纫机缝缉 | （c）翻转后手工缲针 |

图 5.42　缝缉双层荡条

　　（2）花形荡条缝制

　　① 缝制荡条。花形荡条裁剪方法与直形荡条裁剪方法相同。把裁剪好的荡条正面对折后缝缉，然后将缉缝分开烫平，用长钩将荡条翻出并烫平。花形荡条不宜过窄或过宽，一般荡条净宽度控制在 0.9cm 左右（图 5.43）。

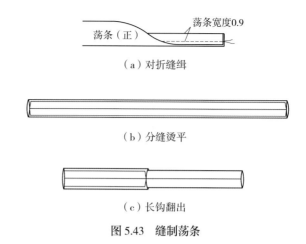

（a）对折缝缉

（b）分缝烫平

（c）长钩翻出

图5.43　缝制荡条

② 盘制荡条。按设计款式要求，把荡条盘制成各种花形式样（图5.44）。

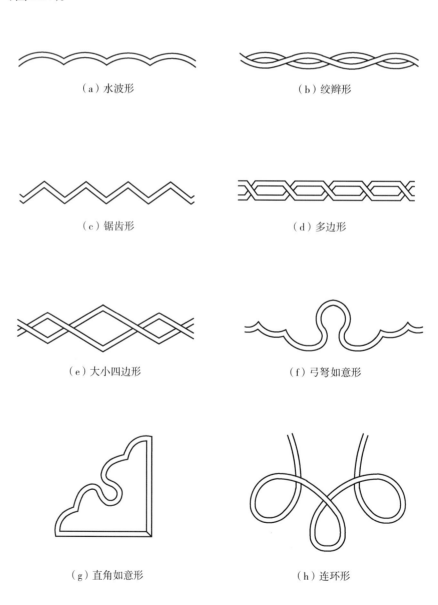

（a）水波形

（b）绞辫形

（c）锯齿形

（d）多边形

（e）大小四边形

（f）弓弩如意形

（g）直角如意形

（h）连环形

（i）领带形

图 5.44 花形荡条

③ 缲缝荡条。在花形荡条反面少许涂上糊浆，然后粘合固定在衣片所需缝钉部位，用手针把花形荡条两边与衣片缲缝，缲缝针迹必须整齐，疏密均匀（图 5.45）。

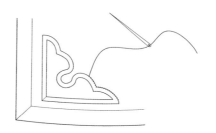

图 5.45 缝缲荡条

荡条制作工艺多为女子传统服装选用，它与滚边、镶边、嵌线工艺结合在一起，凸显出中国传统服装精湛的制作工艺。

荡条（多荡）特色工艺制作后，成衣效果如图 5.46 所示。

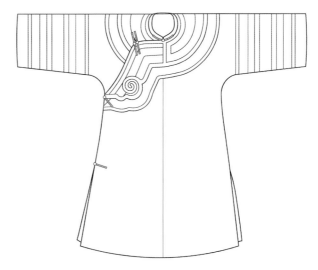

图 5.46 荡条（多荡）特色工艺成衣图

第五节
盘扣

盘扣，或称盘组，是指手工将布料、毛线、丝带、铜丝等材料制作成衣服纽扣的过程。盘扣最早可以追溯至古老的"结绳"技艺，从元明时期开始运用在中国传统服装之中，改变了以往历代服装以结绳系带为主的方法，成为连接衣襟的一种新的形式。以后随着盘扣过程中的襻条越留越长，人们开始将襻条编织成各种形状和花样，于是盘扣被赋有"盘花"美称。盘扣制作工艺极为讲究，其造型细致优雅，品种花样繁多，是装饰和点缀中国传统服装中不可缺少的一个重要组成部分，现已成为中国传统服装代表特色工艺之一。

一、盘扣布局

在中国传统服装中，衣襟的连系方法主要分系绳带与系纽扣两类。交领类的中国传统服装，其衣襟的连接方法基本上是采用腰带或绳带将衣襟连系（图 5.47）。立领、圆领（无领）类的中国传统服装，其衣襟的连接方法基本上是采用盘扣将衣襟连系。

明末清初开始，盘扣被大量应用于各类中国传统服装之中，之后盘扣成为中国传统服装中最主流的衣襟连系方法，并一直使用至今。

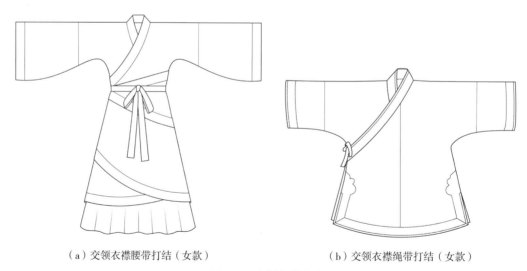

（a）交领衣襟腰带打结（女款）　　　　　　（b）交领衣襟绳带打结（女款）

图 5.47　交领衣襟连系

1. 盘扣在衣襟上布局形式

盘扣在中国传统服装衣襟中的布局形式多样，主要有对襟布局、斜襟（偏襟）布局、曲襟布局和一字襟布局等。

（1）对襟类盘扣布局形式

对襟是最常见的传统服装款式，对襟类盘扣的布局形式如图 5.48 所示。

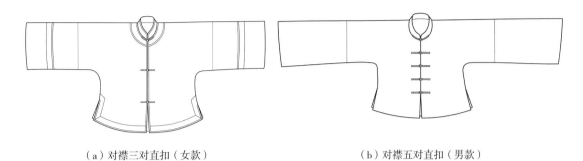

（a）对襟三对直扣（女款）　　　　　　　　　（b）对襟五对直扣（男款）

图 5.48　对襟类盘扣布局形式

（2）斜襟（偏襟）类盘扣布局形式

斜襟也称大襟，盘扣的布局形式如图 5.49a 所示。偏襟类盘扣的布局形式，与斜襟类盘扣布局形式基本相同（图 5.49b）。

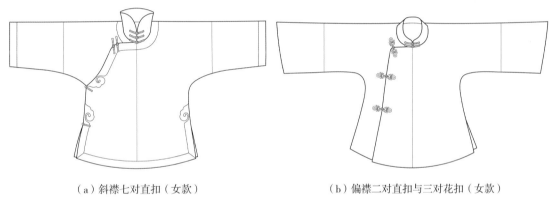

（a）斜襟七对直扣（女款）　　　　　　　　　（b）偏襟二对直扣与三对花扣（女款）

图 5.49　斜襟（偏襟）类盘扣布局形式

（3）曲襟类盘扣布局形式

曲襟类盘扣的布局形式相对固定，盘扣数量一般都是五对或七对，并按曲襟形状布局（图 5.50）。

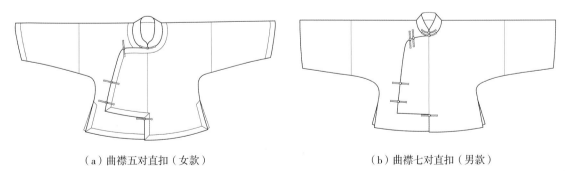

（a）曲襟五对直扣（女款）　　　　　　　　　（b）曲襟七对直扣（男款）

图 5.50　曲襟类盘扣布局形式

（4）一字襟类盘扣布局形式

一字襟的衣襟横向布局在胸前上端，因形似"一"字故得名。一字襟类盘扣主要布局在胸前及腋下左右两侧缝。圆领（无领）一字襟盘扣数量，男款有七对、九对和十三对不等，女款一字襟盘扣有七对和九对。典型的男款一字襟盘扣以十三对居多（图5.51）。如选用有领款式，在领口处需按照领子高低程度，另外相应增加盘扣数量。

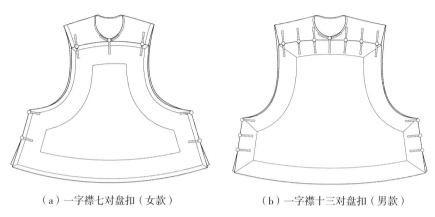

（a）一字襟七对盘扣（女款）　　　　　　（b）一字襟十三对盘扣（男款）

图5.51　一字襟类盘扣布局形式

2. 盘扣在衣襟上布局数量

（1）单数准则

盘扣在衣襟上布局数量的多少也有一定的规律。一般男款传统服装盘扣布局数量应遵循总数为单数准则，如五对或七对（图5.52a），少数也有九对，被称为"蜈蚣扣"（图5.52b）。女款传统服装盘扣布局数量，总数不受单数准则约束，既可以选择总数为双数（图5.52c），也可以选择总数为单数（图5.52d），但以选择总数单数为首选。

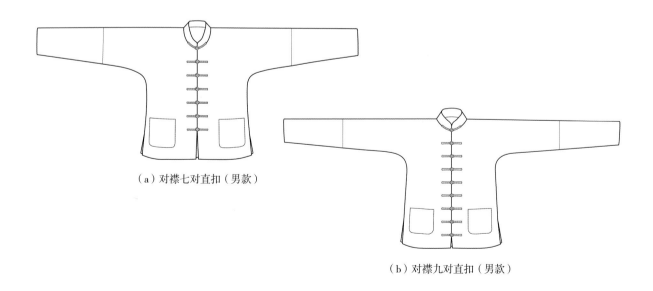

（a）对襟七对直扣（男款）

（b）对襟九对直扣（男款）

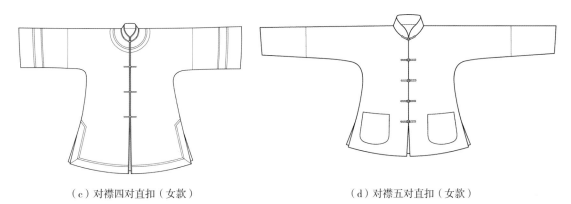

（c）对襟四对直扣（女款）   （d）对襟五对直扣（女款）

图 5.52　盘扣布局数量

（2）数量调整

　　斜襟（偏襟）类衣服盘扣布局数量也应尽量符合单数准则，因斜襟（偏襟）类衣服的衣襟线较长，一般可以在斜襟（偏襟）处进行数量调整，如在斜襟处增加一对盘扣，使其总盘扣达到单数（图 5.53a）；如领口是高领款式，可在领口处进行调整，如增加一对甚至两对盘扣，使其总盘扣达到单数（图 5.53b）；有些款式还可以在斜襟处和领口处同时增加一对或两对盘扣，使其盘扣总数达到单数（图 5.53c）；有些斜襟（偏襟）衣服的侧缝长度较长，如男子长袍与女子旗袍（图 5.53d），其盘扣的数量也要相应增加，但仍需尽量满足盘扣总数单数准则。

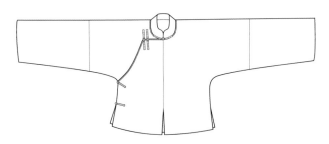

（a）在斜襟处增加一对盘扣（男款）

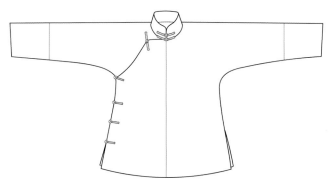

（b）在领口处增加一对盘扣（女款）

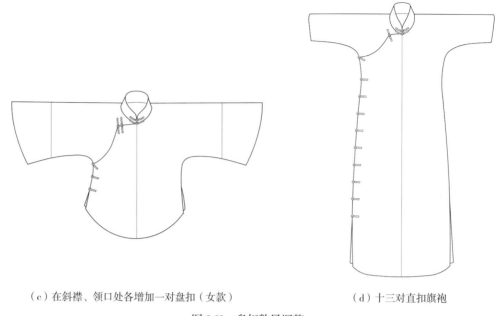

（c）在斜襟、领口处各增加一对盘扣（女款）

（d）十三对直扣旗袍

图 5.53　盘扣数量调整

3. 盘扣在衣襟上布局种类

盘扣分直扣和花扣两种，其中直扣是中国传统服装中应用最多、最广泛的盘扣（图 5.54a），且男女款衣服都可以应用。花扣款式繁多、变化无穷、制作精湛，多为女款衣服所用。

男款衣襟连系绝大多数采用直扣，直扣成了男款传统服装标志性代表符号。男款也有花扣应用案例，民国时期曾流行一种"平安扣"的花扣马褂，在对襟处缝钉五对平安花扣，并在左胸前缝制了一个精致的月牙形怀表袋，简洁而又美观，一时成为当时的潮流男装款式（图 5.54b）。女款衣服既可以采用直扣，也可以采用花扣（图 5.54c），甚至还可以在一件衣服上直扣与花扣同时并用（图 5.54d）。

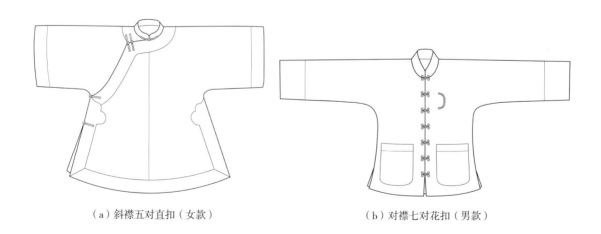

（a）斜襟五对直扣（女款）

（b）对襟七对花扣（男款）

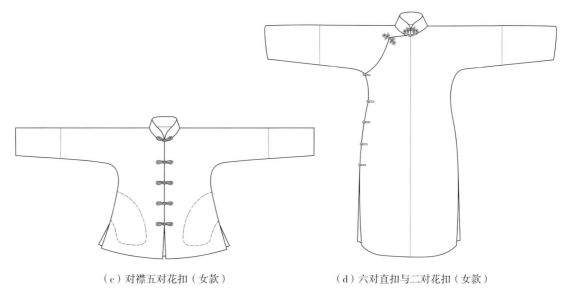

（c）对襟五对花扣（女款）　　　　　　　（d）六对直扣与二对花扣（女款）

图5.54　盘扣布局分类

4.盘扣在衣襟上缝钉布局

（1）对襟类衣服缝钉布局

对襟类衣服的盘扣缝钉时，男款衣服扣襻缝钉在左襟，扣头缝钉在右襟（图5.55a）；女款衣服扣襻缝钉在右襟，扣头缝钉在左襟（图5.56b）。

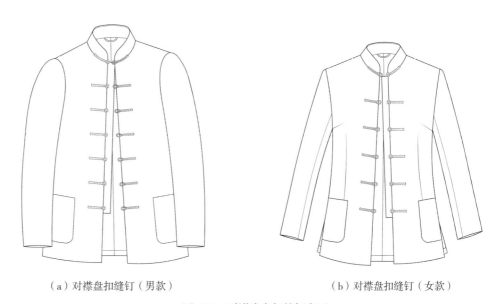

（a）对襟盘扣缝钉（男款）　　　　　　　　（b）对襟盘扣缝钉（女款）

图5.55　对襟类盘扣缝钉布局

（2）斜襟（偏襟）和曲襟类衣服缝钉布局

斜襟（偏襟）和曲襟类衣服盘扣缝钉时，男女款衣服一样，扣头缝钉在衣服大襟格，扣襻缝钉在衣服里襟格（图5.56）。

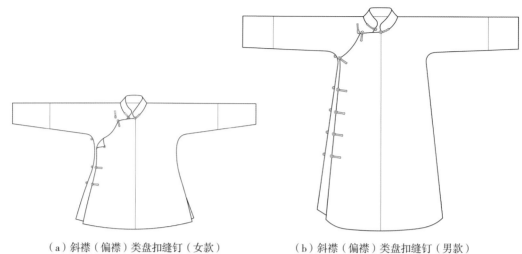

（a）斜襟（偏襟）类盘扣缝钉（女款）　　　　（b）斜襟（偏襟）类盘扣缝钉（男款）

图 5.56　斜襟（偏襟）类盘缝钉布局

（3）一字襟类衣服缝钉布局

　　一字襟类衣服盘扣缝钉时，男女款衣服一样，前胸扣襻缝钉在上襟，扣头缝钉在下襟；左右两侧扣头缝钉在前片，扣襻缝钉在后片（图 5.57）。

图 5.57　一字襟盘扣缝钉布局

二、盘扣组成

　　盘扣具有各式多样的形式，但不管款式造型如何变化，其基本结构始终如一，由条、扣和襻这三个部分组成。

1. 条

　　条，又称襻条或盘条，它是用来制作扣、襻的半成品，其主要是由布料、毛绒线、粗纱线和铜丝等材料组成（图 5.58）。盘扣由于造型不同，形状各异，所需襻条的长短程度不一，襻条长度应按需求制作。

　　把条盘制成各种盘扣的过程，称为"盘花"，而最终的盘扣成品也分为直扣或花扣两大种类。

图 5.58　条的基本形状

2. 扣

扣，又称扣头或纽头，大部分是由布襻条或绳线按一定规律缠绕而成，少数扣头上还镶嵌有贵金属、宝石、珍珠等。用布襻条制作扣头的基本形状有两种：一种是葡萄扣，扣头形似葡萄颗粒，由圈数较多的结盘绕而成，相互缠绕牢不可解；另一种是蜻蜓扣，扣头形似蜻蜓头，一般由厚料布襻条盘绕而成，但结的圈数较少（图 5.59）。

（a）葡萄形扣头　　　　　　　（b）蜻蜓形扣头

图 5.59　扣的基本形状

3. 襻

襻，又称扣襻圈，是用襻条做成能组合扣头的套环，襻与扣组合，便可使衣襟左右相连（图 5.60）。由于襻的功能就是纽合住扣，因此无论盘扣款式如何变化，襻的扣襻圈形状是基本固定不变。

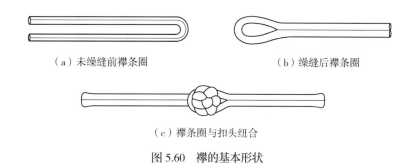

（a）未缲缝前襻条圈　　　　　　　（b）缲缝后襻条圈

（c）襻条圈与扣头组合

图 5.60　襻的基本形状

三、盘扣制作

盘扣主要分直扣和花扣两大种类，图 5.61 所示领口处盘扣为直扣，斜襟处盘扣为花扣。盘扣最基本的制作是襻条制作和扣头制作，无论是貌似简单的直扣还是令人眼花缭乱的花纽，其襻条和扣头制作方法都相同。

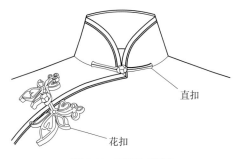

直扣

花扣

图 5.61　直扣与花扣

（一）直扣

直扣简称直"脚扣"，又称"一字扣"。直扣造型简洁朴素，集纽扣与装饰一体，应用率极高。直扣是中国传统服装中最基本的盘扣款式，现已成为代表中国传统服装形象特征的一种识别标志符号。

襻条制作

襻条的基本形式有两种，即圆筒状襻条和扁平状襻条。圆筒状襻条适用于直扣制作，扁平状襻条大多适用于花扣制作。

制作襻条的粗细和长短应视盘扣的款式造型、材料厚度及衣服尺寸大小而定。普通的一对直扣所需要的襻条长度为 25 ~ 35cm，花扣所需要的襻条长度则必须根据花扣的款式造型灵活确定，一般宜长不宜短。如襻条长度不够时，可以拼接加长，方法如同滚条拼接。但也不能无限加长，太长不方便襻条手缝或机缝后不容易将襻条翻出。

襻条制作分薄料和厚料两种。

（1）制作薄料襻条

盘扣的襻条基本上都是手工制作，丝绸等薄料襻条制作步骤如下：

① 裁剪斜条。把布料烫平，按 45° 断丝绺方向裁剪 1.5cm 宽斜条（图 5.62）。

图 5.62　裁剪薄料斜条

② 手缝襻条。将斜条正面对折，然后用手针缲缝，襻条宽度控制在 0.5cm 左右。然后用长钩穿入襻条内，钩住襻条另一头，拉住后缓慢翻出（图 5.63）。

（a）手针缲缝　　　　　　　　（b）翻出襻条

图 5.63　手缝襻条

③ 手缝内衬毛线襻条。为了增加襻条的立体感，可在手缝襻条的同时内衬毛绒线或粗棉纱线（图 5.64），毛绒线或棉纱线必须事先经过缩水处理。

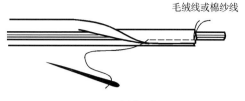

毛绒线或棉纱线

图 5.64　内衬毛线

④ 钩翻襻条。用长钩穿入襻条内，钩住毛绒线及襻条另一头，然后将毛绒线和襻条一起缓慢翻出，成圆筒状襻条（图 5.65）。

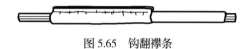

图 5.65　钩翻襻条

（2）制作厚料襻条

制作厚实衣料的襻条可直接手工将襻条两边折光，然后手针缲缝。制作厚料襻条步骤如下：

① 裁剪斜条。把布料烫平，然后按 45° 斜丝绺方向和 2cm（根据布料的厚薄做调整）的宽度，裁剪成斜条（图 5.66）。

图 5.66　裁剪厚料斜条

② 衬垫毛线。选择经过缩水处理后的毛绒线或数根粗棉纱线作为衬垫物，放置在斜条中间。如襻条直径粗细有要求，可根据要求选择放置毛绒线一根至数根（图 5.67）。

图 5.67　衬垫毛线

③ 缲缝襻条。将襻条斜料的两边缝份分别卷到内侧，然后用本色线将两边搭接并用手针缲缝在一起，最后成圆筒状襻条（图 5.68）。

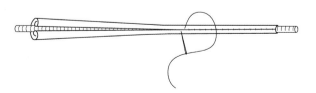

图 5..68　缲缝襻条

（3）制作机缝襻条

为了提高生产效率，襻条也可通过缝纫机缝缉制作完成。缝纫机缝缉襻条制作步骤如下：

① 裁剪襻条。按照45°断丝缕方向和2cm的宽度，裁剪成斜条（图5.69）；如果是直接采用卷边压脚缝制襻条，则斜条宽度必须考虑通过卷边压脚时的缝份，裁剪尺寸要求更加精确。

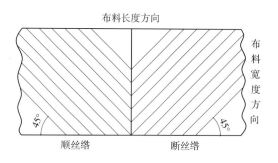

图5.69 裁剪襻条

② 缝缉襻条。把斜条正面对折，留出0.5cm宽度进行缝缉，注意缝缉针迹不宜过大（图5.70）。

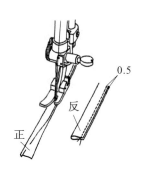

图5.70 缝缉襻条

③ 修翻襻条。将襻条缝份修剪整齐，留出缝份0.2cm；然后用长钩穿进襻条内，在襻条另一头钩住襻条毛边及钩住衬垫的毛绒线，由里往外拉住后缓慢翻出（图5.71）。

图5.71 修翻襻条

④ 卷边襻条。在缝纫机上安装卷边装置，将裁剪整齐的斜条（如有拼接必须事先分缝烫平）放入卷边压脚装置内，也可同时内衬毛绒线，通过送入卷边压脚装置缝缉，一次性完成襻条制作（图5.72）。卷边装置加工的襻条多属于扁平状襻条，一般适合于花纽的盘制。选用卷边襻条制作方法，襻条长度可无限加长，但必须事先拼接，缝份烫平，宽度一致。

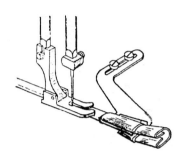

图 5.72　卷边襻条

（二）扣头制作

1. 葡萄形扣头

葡萄形扣头襻条的长度和宽度应根据盘扣的式样、材料的厚薄和衣服的款式而定，一对葡萄形直扣襻条长度为35cm左右。葡萄形扣头的制作如图5.73所示。

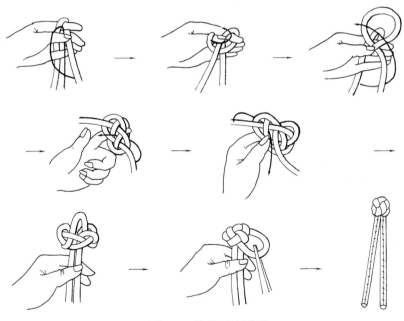

图 5.73　葡萄形扣头制作

2. 蜻蜓形扣头

蜻蜓形扣头襻条的长度和宽度应根据盘扣的式样、材料的厚薄和衣服的款式而定。一对蜻蜓形直扣襻条长度为32cm左右。蜻蜓形扣头的制作如图5.74所示。

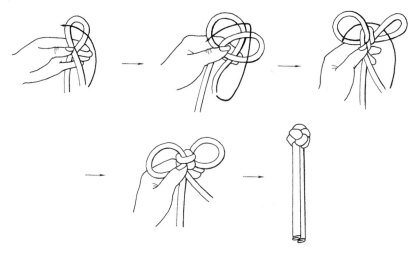

图 5.74　蜻蜓形扣头制作

（三）花扣

花扣，顾名思义，是指各种花形（包括其他造型）的盘扣。花扣的造型曲线优美装饰感强，欣赏价值极高，多用于中国传统女子服装之中。

花扣襻条的制作方法同直扣，长度应根据花扣的款式造型灵活确定，一般宜长不宜短。

1. 花扣种类

花扣的造型形式多种多样，材料多选用色彩鲜艳的绸料，襻条中间要嵌一根细铜丝，能够使襻条可以较为方便盘曲成各种造型。花扣的大小没有固定的尺寸，花扣的制作完全根据服装设计需要和款式效果而定。花扣的式样题材千姿百态，多为仿花草鱼木、字体、图案之类（图5.75）。

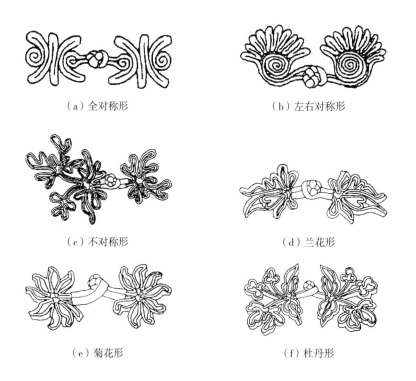

（a）全对称形

（b）左右对称形

（c）不对称形

（d）兰花形

（e）菊花形

（f）杜丹形

260

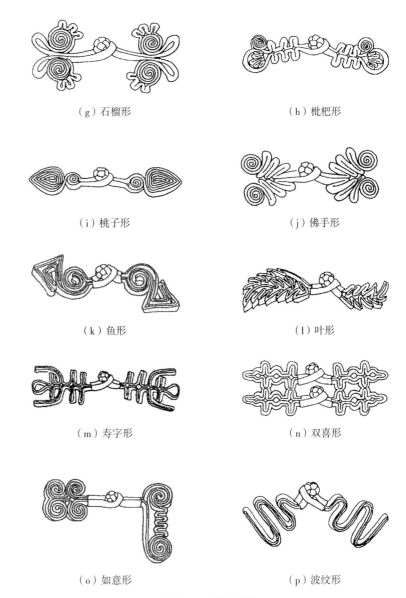

（g）石榴形

（h）枇杷形

（i）桃子形

（j）佛手形

（k）鱼形

（l）叶形

（m）寿字形

（n）双喜形

（o）如意形

（p）波纹形

图 5.75　花扣种类

2. 典型花扣

（1）琵琶形花扣

琵琶形花扣的扣头、扣襻制作过程与直扣相同。琵琶形花扣的大小及盘条的圈数可根据需要设计，具体的制作有两种方法：

① 两根襻条盘制。按照襻条的大小，先用一根襻条盘制成图 5.76a 所示的形状。再用第二根襻条按图 5.76b 所示盘制，盘制完后的两根襻条头应放在背面并将多余襻条剪去，用手针缲缝固定（图 5.76c），以防变形走样，最终完成一对盘制好的琵琶形花扣（图 5.76d）。

② 一根襻条盘制。一根襻条盘制琵琶形花扣的方法如图 5.77 所示。盘制时，注意襻条的松紧适度，并按箭头方向绕襻条。在盘制过程中需要不断将襻条围绕一个中心轴穿进穿出，进行交叉盘制。每穿入中心圆圈内一次，就应该在襻条反面缲缝固定，直至最后成型。

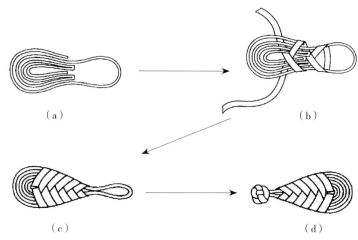

（a） （b）

（c） （d）

图 5.76　琵琶形花组盘制（两根襻条）

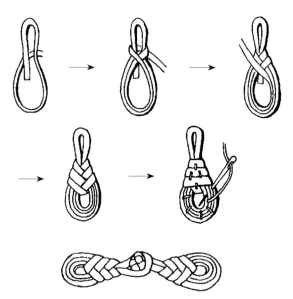

图 5.77　琵琶形花扣盘制（一根襻条）

（2）葫芦形花扣

葫芦形花扣的扣头、扣襻制作过程与直扣相同。将盘好扣头和扣襻的两襻条按需要剪成左短右长，将左襻条呈逆时针方向卷盘缝住，右襻条一头盘在左下端，另一头再呈逆时针方向卷盘缝住，最后将左右盘用手针缲缝即成（图 5.78）。

图 5.78　葫芦形花扣盘制

（3）蝴蝶形花扣

蝴蝶形花扣的扣头、扣襻制作过程与直扣相同。按照蝴蝶形花扣的形状大小将襻条剪成左、右等长。捏住右襻条折出两个套弯，两个套弯的中间缝在纽头下的襻条上，将多余的襻条呈逆时针方向盘缝在两个套弯中间。捏住左襻条折出两个套弯，两个套弯的中间缝在襻条上，余下的襻条呈逆时针方向做盘缝，在两个套弯中间即成。蝴蝶形花纽盘制时，左、右两个套弯必须形状一致，且大小相同（图5.79）。

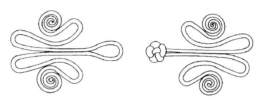

图5.79　蝴蝶形花扣盘制

（4）如意形花扣

如意形花扣的扣头、扣襻制作过程与直扣相同。

如意形花扣制作的步骤如下：先把襻条弯曲成四组（图5.80a）；将一组襻条叠压在另一组襻条上，以此类推（图5.80b、c、d）；图5.80e为完成前半部分；按图5.80f重复图5.80b、c、d过程；图5.80g为完成形状；再从边上拉出4个小耳朵（图5.80h），最终完成一对盘制好的如意形花扣（图5.80i）。

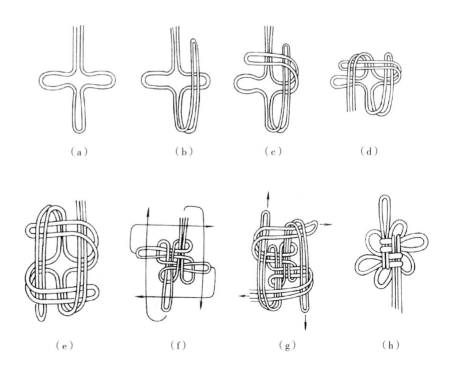

（a）　　　　　（b）　　　　　（c）　　　　　（d）

（e）　　　　　（f）　　　　　（g）　　　　　（h）

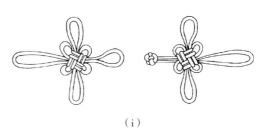

（i）

图 5.80　如意形花扣盘制

四、盘扣缝钉

对襟、斜襟和曲襟衣襟上的盘扣缝钉完毕，扣与襻组合后，扣头必须居中处在左右衣襟止口的中心位置。

（一）直扣缝钉

直扣缝钉时的盘扣布局形式和数量、间隔距离和尺寸长度等，都要根据衣服款式、面料厚薄等因素而定。一般男装直扣单边长度为 3.5 ~ 6.5cm，组合后全长为 7 ~ 13cm；女装直扣单边长度为 3 ~ 5cm，组合后全长为 6 ~ 10cm。例如：新唐装中的盘扣就是属于最典型的直扣，在前衣襟处竖排缝钉七对和六对葡萄形直扣，直扣组合后新唐装（男装）全长为 12cm，新唐装（女装）全长为 10cm。

1. 确定位置

以新唐装（男装）直扣缝钉为例：前衣襟领口处为第一对直扣缝钉位置（在缔领的缝份之中），再确定前衣襟最下面一对直扣缝钉位置（离底边距离 = 前衣长 1/4+2cm），然后六等分，确定前衣襟竖排七对直扣缝钉间距位置，用隐形划粉划在衣襟上（图 5.81）。

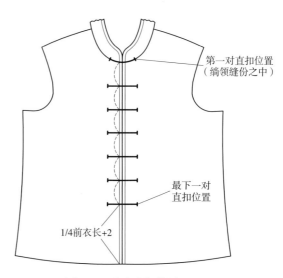

第一对直扣位置
（缔领缝份之中）

最下一对
直扣位置

1/4前衣长+2

图 5.81　确定直扣位置

2. 修剪襻条长短

通常襻的襻条长度要比扣的襻条长度多 0.3 ～ 0.8cm，同时襻的襻条尾部和扣的襻条尾部都必须要放出折转缝份，毛缲襻条尾部放 0.7cm 折转缝份，净缲襻条尾部 0.5cm 缝份。

新唐装（男装）直扣组合后，盘扣全长为 12cm。先修剪襻的襻条长度：1/2 盘扣长度（6cm）+ 折转缝份（0.7cm）+ 余量（0.3cm）=7cm；再修剪扣的襻条长度：1/2 盘扣长度（6cm）+ 折转缝份（0.7cm）=6.7cm（图 5.82）。

1/2 盘扣长度（6）+ 折转缝份（0.7）=6.7cm　　1/2 盘扣长度（6cm）+ 折转缝份（0.7cm）+ 调整量（0.3cm）=7.0cm

图 5.82　修剪襻条长短

3. 缲缝襻条开口

在扣和襻的襻条开口处用本色线缲缝，缲针路线：由扣头或扣襻圈开始起针，并把缲缝线迹放置在襻条的反面。其中，纽襻圈的大小必须刚好套进纽头，缲缝线不宜过紧或过松（图 5.83）。

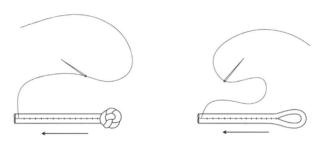

图 5.83　缲缝襻条开口

4. 缲钉襻条尾

缲钉直扣襻条尾的方法有毛缲和净缲两种。

（1）毛缲

毛缲是分别把扣和襻的襻条尾放置在前衣襟相应装钉位置上，然后在扣和襻的襻条尾部缝份末端 0.3cm 处与衣片缲钉缝合（图 5.84）。

扣和襻的襻条尾缲钉完成以后，分别将扣或襻的襻条，从尾部缲钉处

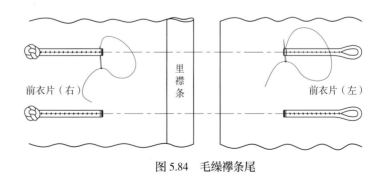

前衣片（右）　里襟条　前衣片（左）

图 5.84　毛缲襻条尾

水平翻转至前端，再用手按住襻条后，缲缝扣或襻的襻条部分。缲缝襻条时，缝针必须穿过襻条大约 1/3 的厚度，并与衣服面、衬料缝合。缲针每针间距约 0.3cm，缲针缝至距扣头与扣襻圈 0.3cm 处停止，然后打回针加固（图 5.85）。毛缲襻条尾扣和襻组合后，成型效果如图 5.86 所示。

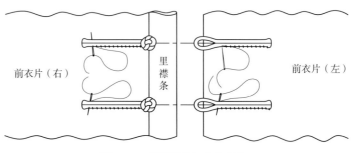

图 5.85　毛缲襻条与衣身缝合

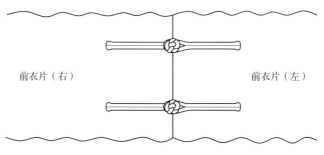

图 5.86　毛缲襻条尾组合效果图

（2）净缲

净缲是先把襻条尾制作成光口，襻条与衣身缲缝时无须再折转缲钉。净缲操作时，根据直扣所需实际长度，再加上折缝（一般在 0.5cm）剪断襻条，然后用镊子钳将襻条尾 0.5cm 折缝反向塞进襻条内，然后手针缲缝光洁（图 5.87）。

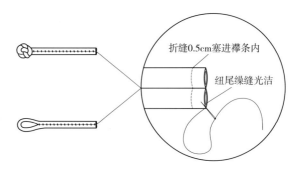

图 5.87　净缲襻条尾

根据衣片上直扣位置的粉印线，分别将扣或襻的襻条放置在衣片上，然后进行襻条缲钉，缲钉方法同毛缝直扣襻条。净缲直扣尾的优点：成型后的盘扣尾部平薄且无毛缝露出，缺点是缺少了毛撬盘扣尾部的立体感。无论是毛缲还是净缲，扣头、扣襻缝钉完毕后，扣头和扣襻的 1/2 部位正好对准在前衣襟止口直线上（图 5.88）。净缲襻条尾扣和襻组合后，成型效果如图 5.89 所示。

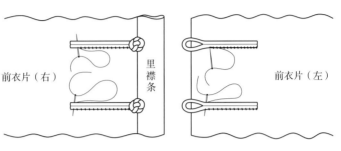

图 5.88 净缲襻条与衣身缝合图

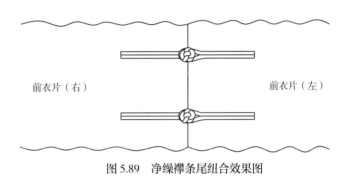

图 5.89 净缲襻条尾组合效果图

（二）花扣缝钉

由于花扣形状五花八门，因此花扣的缝钉要求更高、难度更大，缲缝过程也就更加复杂。花扣缝钉步骤如下。

1.固定花扣

先用手针将扣和襻各弧线转弯处、各角度、各转接处缲缝固定（图 5.90）。

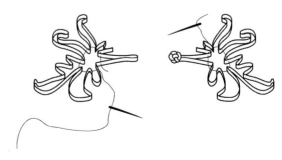

图 5.90 固定花扣

2. 缲钉花扣

把花扣的扣和襻分别放置在衣服相应缝钉位置上，离扣头或扣襻圈 0.3cm 处将襻条缲住，再在花组各转折处与衣片缲缝，每间隔 0.5cm 缲缝一针，依次不漏针，将花扣与衣服的面衬料缲缝固定。在缲钉的同时，随时检查花纽的造型是否发生变形，如发生变形，应用小尖镊子及时进行调整，使扣头一边和纽襻圈一边的花形大小一致、左右对称或平衡美观（图 5.91）。

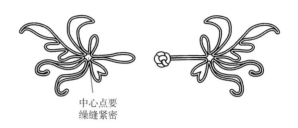

中心点要
缲缝紧密

图 5.91　缲钉花扣成型图

盘扣（花扣）特色工艺制作后，成衣效果如图 5.92 所示。

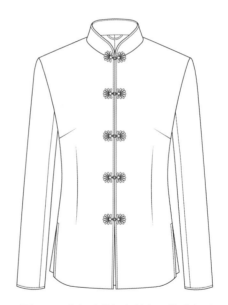

图 5.92　盘扣（花扣）特色工艺成衣图

268

第六节
刺绣

刺绣，又称针绣、绣花。刺绣是我国艺术宝库中一朵绚丽的奇葩，它是选用各种颜色的丝、绒、棉线在绸、缎、布帛，甚至在毡和皮革等材料上，借助手针的运行穿刺，缝缀成各种花纹或文字图案。刺绣工艺是中国传统服装特色工艺中历史最悠久，品种最繁多和工艺最精湛的工艺，著名的四大名绣——苏绣、粤绣、湘绣和蜀绣更是以富丽、多彩、典雅的风格和精湛的技艺闻名于世。

一、刺绣工序流程

刺绣工序流程主要分为设计绣稿、画样描稿、面料上绷、运针刺绣和绣片整理等。

1.设计绣稿

根据面料及被绣物品设计其刺绣图稿，必须同时考虑配用什么针法。一般设计绣稿不宜太琐碎复杂，传统设计绣稿多用纸张剪出花样，粘贴在面料上，作为刺绣时的底样（图5.93）。

（a）盘龙图　　　　　　　　　　　　　　　（b）丹凤图

图5.93　绣稿

2.画样描稿

将刺绣的绣稿图描绘画到面料上有多种方法，如剪纸贴稿法、铅笔描稿法、透光拷贝法（图5.94）及摹印法、版印法、漏印法（图5.95）等。

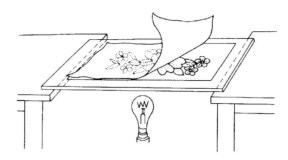

图 5.94　透光拷贝法

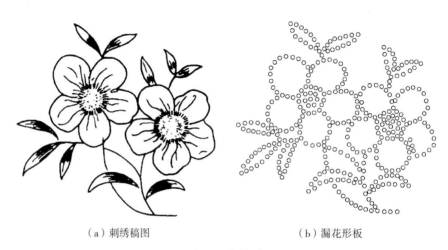

（a）刺绣稿图　　　　　　　　　　　（b）漏花形板

图 5.95　漏印法

3. 面料上绷

将面料平整地绷在绣花绷称为上绷。上绷时要注意将面料拉紧，尤其是面料丝绺不能歪斜。面料上绷分圆绷和方绷两种。

面料绷于圆绷时，先将面料正面朝上覆盖在小的竹箍上面，然后再将大的竹箍套上并压紧，最后将面料拉紧，直横丝绺理顺拉直（图 5.96）。

面料绷于方绷时，操作步骤分为压条、催紧、贴牵条、纽扣四步（图 5.97）。

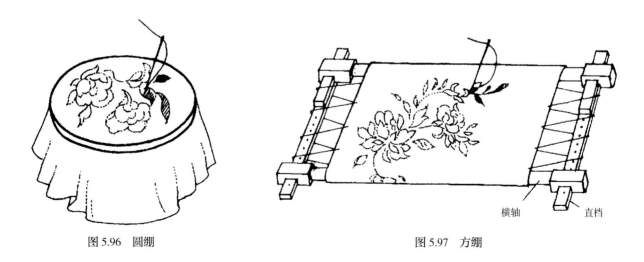

图 5.96　圆绷

横轴　　直档

图 5.97　方绷

270

（1）压条

压条可用皮纸折叠而成。面料正面朝上，一端的下面垫一层约20cm长的白土布后覆盖于花绷横轴凹槽处，将皮纸压条先压入凹槽中间，然后缓缓塞入两端并压紧，使面料的布纹平直均匀地包住横轴，拉紧后插上直档用钉闩住。

（2）催紧

要使面料平紧，还要经过催紧。通常将直档立地绷面向外，人站立绷后，左腿靠紧绷背，左脚尖踏在横轴上往下压，使面料平整并用钉闩住。如果感觉绷面较松，可再按以上方法踏紧一次。

（3）贴牵条

靠近直档两边的面料边缘处需贴上约3cm宽的绸条，以防止面料皱曲。

（4）纽扣

用粗棉线来回等距离缠绕穿于绣绷直档和面料边缘之间，要求间隔均等，面料平紧。

4. 运针刺绣

在正式进行刺绣时，也就是通常所说的运针刺绣，要正确掌握拈针姿势、绣线劈分和熟练运用各种针法。

（1）捏针姿势

捏针的姿势是：右手的食指与拇指相曲如环形，其余三指松开呈兰花状。刺绣落针时，全仗食指与拇指用力；抽针时食指、拇指用力掌心向外转动，小指挑线辅助牵引，手臂向外拉开。捏针动作要轻松自如，拉线要松紧适宜。

（2）绣线劈分

劈分绣花线是一门基本技术，绞合较松的大花线一般能劈分为数十缕细丝线。劈分时需先在大花线中间打个活结，左手捏紧线头一端，右手捏住线的另一端并将其绞松，然后用右手小指插入线中将其分成两半，再用右手拇指、食指各将一半线向外撑开，即可将线劈分为2。按此方法进而劈分为4、8、16。劈分后的花线要求粗细均匀。

（3）各种针法

传统刺绣针法丰富多样，将在后文"刺绣主要针法"中重点介绍。

5.绣片整理　　　　绣片完工后，需经上浆、熨帖、压绷三道工序，才能从花绷上取下来，这一过程称作绣片的后整理。

二、刺绣主要针法

针法是刺绣中运针的方法，也是刺绣线条的组织形式，每一种针法都有其固定的规律和独特的表现手法。据统计，刺绣针法大约有一百多种，这里介绍其中最主要的二十种刺绣针法。

1.平绣　　　　平绣是刺绣的基本针法之一，也是各种针法的基础。平绣的绣法是：起落针都要在纹样的边缘，线条排列均匀，紧不能重叠、稀不能露底，力求齐整。平绣按丝理不同分直、横、斜三种（图5.98）。

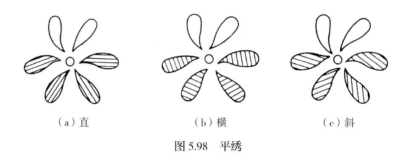

（a）直　　　　（b）横　　　　（c）斜

图5.98　平绣

2.行绣　　　　行绣是刺绣基本针法之一，它是一种装饰点缀用的刺绣针法。具体针法是将针横挑，间隔一定距离制成一个针迹，并一个一个依次向前即可（图5.99）。

图5.99　行绣

3.犬牙绣　　　　犬牙绣又称"人字绣"或"八字绣"，是一种基本的辅助针法。它可以和其他的针法配合一起，如米字绣、打子绣等组成图案。针法是针横排，一针上、一针下的斜行向前。反面是两条平行线，可用于袖口、领口、下摆等边缘，起装饰固定作用（图5.100）。

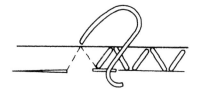
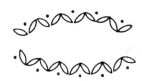

图 5.100　犬牙绣

4.山形绣

山形绣的针法和形状基本与犬牙绣相似，所不同的是在斜行针迹的两端加一扣针，扣针一般不宜过长，用途和犬牙绣大致相同（图 5.101）。

图 5.101　山形绣

5.打子绣

打子绣主要用于花朵的花蕊或其他装饰之间，针法是绣针穿出"绣地"后，将线在针身缠绕两圈，然后拔出针头，再向线迹旁边刺入即成。也就是在"绣地"上打一线结，出线和进针相距越近，这个打子就越紧，在花蕊中打子要均匀排列，如饰以金色或镶色绣线效果会更好。打子绣也可在线轴中绕成两个环，成为双环打子（图 5.102）。

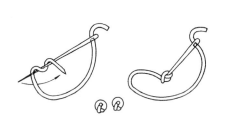
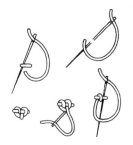

图 5.102　打子绣

6.竹节绣

竹节绣是一种形似竹节的针法，可以用作各类图案的轮廓边缘或枝、梗等线条。针法是随着图案中的线条，每隔一定距离打一线结，并和衣料一起绣牢（图 5.103）。

图 5.103　竹节绣

7. 滚绣

滚绣两线紧密连成条纹，线条依纹样的曲折前起后落，针脚长短约0.3cm，转折处可稍短一些，便于转折、弯曲。滚绣的针法和手工缝衣时用的倒回针一样，刺绣中是倒回针的反面。缝制时，前起后落，起落针都要落在轮廓线上，首尾相接或插过一点，循环前进，直至绣完。滚绣针迹要求整齐均匀、宽窄一致。滚绣主要用于服装图案的轮廓和线条的绣制，还可以绣制水纹、云纹等（图5.104）。

图5.104　滚绣

8. 滚筒绣

滚筒绣一般用来绣小花或其他花纹。针法是由反面穿出，从花蕊起针，花瓣尖落针，但线不要拉完。第三针又从第一针处刺出，不要抽针。然后，左手在下面顶住针，右手在上面拿着第一针未拉完的线，在针上绕圈（注意应随着花瓣的长短而决定圈数），再用左手将绕完线处稍捏紧，右手抽针并于第二针花瓣尖处落针，即成滚筒状的花瓣。这种针法的线环结可以是长条形，也可以成曲条形。绕针时，线环要扣得"结实、紧密、坚硬"（图5.105）。

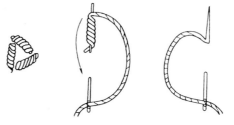

图5.105　滚筒绣

9. 蛛网绣

蛛网绣是一种仿生物针法。先在"绣地"上绣出八角骨架，中心点扎一针绣牢，线从中点穿出绣面；然后绣线逆时针方向向前，把第一根线压在线下，针不扎过绣面，针从第三根与第四根之间引出；把第四根线压在线下，针从第六根线与第七根线之间引出；依上述方法，压前面的第七根线。从前面的第一根与第二根线之间引出，直至绣完。绕线要松紧适宜、紧密整齐。此针法适合用较粗的闪光线绣制日用品上的小型装饰纹样（图5.106）。

中华新唐装

图 5.106　蛛网绣

10. 十字绣

十字绣又名挑花，是用斜十字组成图案花型的一种针法。它以色彩鲜明、典雅，图案美观、整齐而博得人们的喜爱。其针法有两种：一种是从图案的任何一端起针，根据色彩位置按斜方向开始绣，先绣成一段段长度相等的明针，将本色彩需要绣的长度绣完，再反回来盖第二排明针，使它与第一排明针交叉成为斜十字。然后，以此类推，按照花型需要交换色线将花全部绣完（图 5.107a）。此外还有一种双重十字绣法（图 5.107b）。绣十字针时，应注意排列整齐，行与行之间排列要清晰，"十"字的大小要均匀。拉线时轻重要一致，过重易将布拉皱，过轻则绣线易起毛。

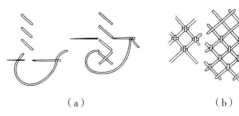

（a）　　　　　　　（b）

图 5.107　十字绣

11. 米字绣

米字绣是一种装饰用针法，大多绣在服装的边缘作为装饰，或者与其他针法配合一起做点缀之用。其针法是先直绣三针，然后在腰间横扎一针，收紧成米字形（图 5.108）。

图 5.108　米字绣

12. V、Y 形绣

这两种针法完全相同，差别只是在正中的压扣线长短不同，压扣短的成 V 字形，压扣长的成 Y 字形。用这两种针法可以绣制成各种图案，如圆形、叶状等。V、Y 形针还可以和其他针法一起混合使用，用来作为点缀。根据用途不同，绣线可粗可细，粗者可用毛绒线，细者可用丝线（图 5.109）。

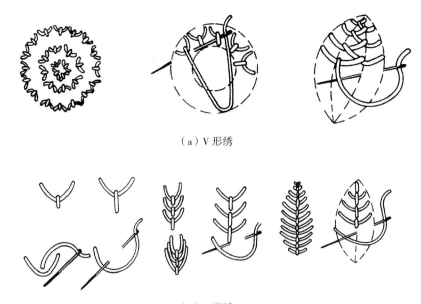

（a）V 形绣

（b）Y 形绣

图 5.109　V、Y 形绣

13. 鸟眼绣

鸟眼绣成型后形状似鸟眼。针法是由三个针步挑成一个单朵，如用它绣圆形图案，很像一朵菊花；也可以连续用针，成锁链状。鸟眼绣常用于绣小型的花瓣，如刺绣较大的花瓣，可先绣里面的小朵花瓣，然后再在外面加绣一层，成为两层花瓣。做第二层花瓣时，可配用不同颜色的绣线。有的可以在封针的顶端套绕一针，有的还可以在封针的顶端套绕两针或三针（图 5.110）。

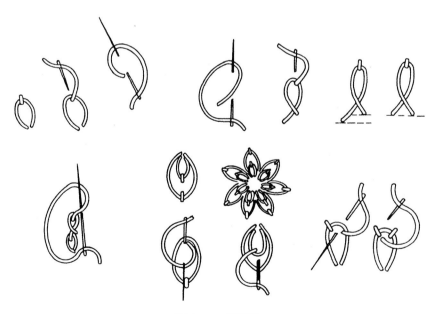

图 5.110　鸟眼绣

276

14. 托底绣

托底绣又称"影绣"，即将花纹绣在"绣地"背面的一种艺术处理手法。托底绣必须用透明或半透明的面料绣花，才能达到惟妙惟肖的效果，一般多用于衬衣装饰。针法是：按照图案轮廓绣成人字形交叉排列或其他花纹；也可以绣成两头尖、中间宽的叶片状（图5.111a）。交叉针的正面是上下交叉的叉形针迹，而反面却是一个针迹连续的轮廓（图5.111b）。针法是横挑，上下逐针退后。也可以绣成另一种形状，即两边不交叉，只在中间像人字形的交叉，这种中间交叉法更有叶脉状的意味（图5.111c）。

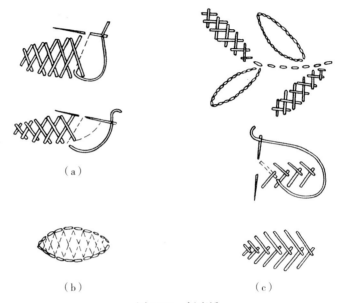

（a）

（b）   （c）

图5.111　托底绣

15. 锁边绣

锁边绣又称"锁扣眼绣"，它是一种用途很广、装饰性很强的基本针法，主要用于毛边衣料的贴布绣，服装纽扣的锁眼及手帕、台布等布边（图5.112）。锁边绣可以任意变化（图5.113），把绣线压在针头下拉过，再刺第二针，这样逐针挑绣即成（图5.113a）；为了使针法富有变化，挑针是一针长、一针短，形成长短针迹（图5.113b）；也可将针迹时疏时密，绣成三针一组的三角针形式（图5.113c）；为了使边缘凸起、美观别致，可在衣料的边缘先用绣线打底，再在上面做锁边针，这种针法多用于领子边缘或做挖空刺绣边缘（图5.113d）。

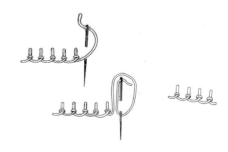

图5.112　锁边绣（一）

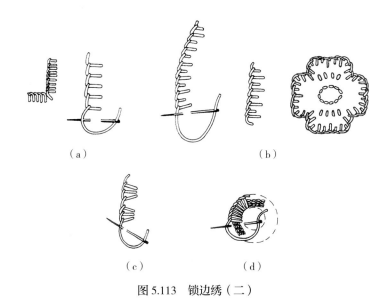

（a）   （b）

（c）   （d）

图 5.113　锁边绣（二）

16. 包梗绣

　　包梗绣又称"垫绣"。包梗绣在绣制前，需在花瓣位置用较粗的绣线打底（注意不要遮盖花瓣轮廓线）。然后，一针一针用横针均匀地包住这些绣线，绣出凸出的花形。包梗绣要求针迹整齐紧密，且大多用单色线制作，使之明朗、雅致。这种绣法一般用于小件装饰性花朵，有时也用于其他大件绣品的局部花纹（图 5.114）。

图 5.114　包梗绣

17. 锁链绣

　　锁链绣又称"链环绣"。针法分正套和反套两种，先用绣线绣出一个线环，再将绣线压在绣针底下拉过，这样在线与环之间，就可以一针扣一针连接，绣成后成链条形状。另一种绣法，俗称辫子绣，针法是先把针线引向正面后，与第一针并齐的地方把绣针插下，向前一针挑出，绣线压在针头下并把针拉出；再在线根并齐的地方绣第二针，就这样逐针向上即可。还有一种绣法叫阔链绣，针法基本与前两种相同，不同的是两边起针处距离较大，挑针角度变成斜形。为使锁链绣更美观，在线环与线环之间可采用不同颜色的绣线，既能增加美观度，又能增加牢度（图 5.115）。

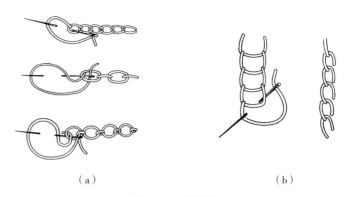

（a）   （b）

图 5.115   锁链绣

18. 羽毛绣

羽毛绣在服装工艺中称为"杨树花"，最初用于毛呢服装里子下摆处的装饰，现用作刺绣花卉图案的杆、茎等线条轮廓。刺绣时可以沿着图案中线条绣，方法是一左一右地向下挑绣，绣线必须在尖针下穿过、挑出；或者采用四针向左、两针向右的齿形针迹；也可采用三针左、三针右的三角形针迹。羽毛绣的形式很多，运用熟练后，可以任意变化（图 5.116）。

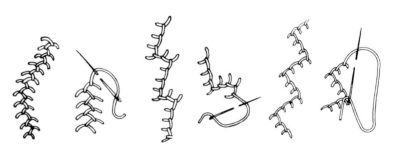

图 5.116   羽毛绣

19. 雕绣

雕绣又称"挖空绣"，难度较大，有它独特的图案造型，艺术价值也较高。绣制时，用锁边绣包一根同色粗线绣出花纹，然后在要挖空的地方，用小剪刀细心地一一剪掉。但必须注意，不要把锁边花纹剪掉。有时还可以在雕空的花里从背后补绣另一种较为轻松的纱、网等材料，或者织绣一些美丽的花纹，使它更加高雅。在运用锁边绣时，应注意针距均匀、针脚整齐，线不要拉得太紧，同时在下面压一根同色线，绣后花纹才能更凸出分明（图 5.117）。

剪开

图 5.117   雕绣

20.盘金（银）绣　　　　盘金（银）绣是把金（银）线根据图案要求盘绣成条状或块状，然后再运用钉针手法钉在所需部位，图5.118为腾龙的盘金（银）绣示意图，按腾龙的运动形状，曲直排列金（银）线（图中 K、L、M、N 所示的虚线），然后把金（银）用钉针钉牢（相接的两线中间空白处为钉线）。龙头用金线绣好后，其他所有的轮廓线也要盘金（银），方法同上。

图5.118　盘金（银）绣

刺绣（盘金绣）特色工艺制作后，成衣效果如图5.119所示。

图5.119　刺绣（盘金绣）特色工艺成衣图

第七节
装饰

服装中的装饰，是指将各种花边、小珠片、金银片、珍珠、人造钻石、贴花、图案等饰品，缝缀在衣服的某些部位上。装饰以其丰富的内涵、独特的魅力独领风骚，成为中国传统服装特色工艺之一。

一、花边

中国传统服装多数运用手绣花边和布边花边进行装饰，而近代纺织业的兴起，产生了机织花边。在现代由于高科技日新月异的迅猛发展，花边的新材料、新款式、新品种、新图案层出不穷，更趋于新颖、高档和豪华。

从花边的形状上来分，主要有单边形花边、双边形花边、单边月牙形花边、双边月牙形花边、宽平边形花边、宽月牙形花边、锯齿形花边、荷叶形花边、花瓣形花边等（图5.120）。

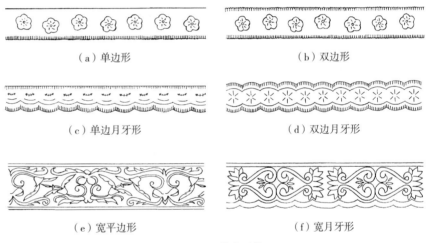

（a）单边形　　　　　　　　（b）双边形

（c）单边月牙形　　　　　　（d）双边月牙形

（e）宽平边形　　　　　　　（f）宽月牙形

图 5.120　花边形状

花边从图案上来分更是琳琅满目、品种繁多。古代有回纹图案、梵纹图案、黼纹图案、福禄寿图案等，近代和现代主要有花鸟鱼虫图案、山水图案、抽象图案、人物图案等（图5.121）。此外，如意、花卉等图案也是时常应用在服装领口、下摆等处（图5.122）。

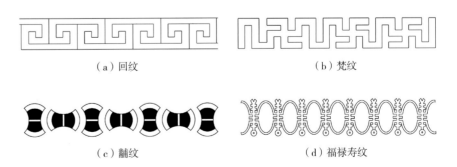

（a）回纹　　　　　　　　　（b）梵纹

（c）黼纹　　　　　　　　　（d）福禄寿纹

（e）水波纹　　　　　　　　　（f）曲水纹

（g）云气纹　　　　　　　　　（h）盘长纹

（i）方胜纹　　　　　　　　　（j）石榴纹

（k）梅花纹　　　　　　　　　（l）兰花纹

图 5.121　传统服装花边图案之一

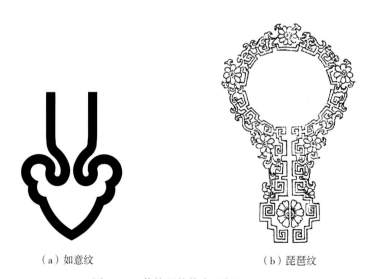

（a）如意纹　　　　　　　　　（b）琵琶纹

图 5.122　传统服装花边图案之二

282　　　　　　　　　　　　　　　　　　　　　　　中华新唐装

装饰（花边）特色工艺制作后，成衣效果如图 5.123 所示。

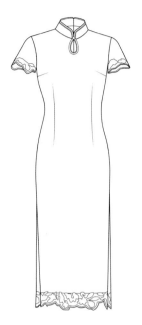

图 5.123　装饰（蕾丝）特色工艺成衣图

二、小珠片

　　小珠片的种类很多，有环形小珠、球形小碟、扁圆形小珠、椭圆形小珠、凹凸小圆片、扁平小圆片、鸡心小片、菱形小片等（图 5.124）。这些小珠片一般都是由塑料材料制成的，且这些小珠片多为仿金属涂层，闪闪发光、五颜六色。每个小珠片上均有一个小孔，供穿线时用。可将小珠片一片或几片连接在一起，缝缀到衣服所需要装饰的部位（图 5.125），最终能在衣服上呈现出姹紫嫣红、绚丽多彩的效果，增加衣服的美观。

　　采用珍珠缝缀在衣服的某些部位，原是属于高档衣服的装饰，后因为天然珍珠价格昂贵，便出现了人造珍珠。人造珍珠也可缝在衣服的各个部位并串成各种图案花形，也可与刺绣工艺结合使用，在刺绣好的花形上点缀一两粒珍珠，起到画龙点睛的作用。

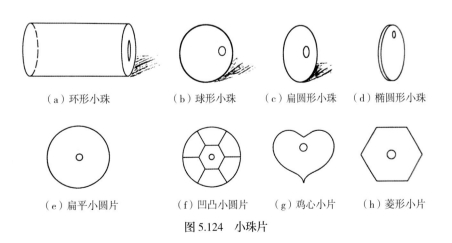

（a）环形小珠　　　　（b）球形小珠　　　（c）扁圆形小珠　　（d）椭圆形小珠

（e）扁平小圆片　　　（f）凹凸小圆片　　　（g）鸡心小片　　　（h）菱形小片

图 5.124　小珠片

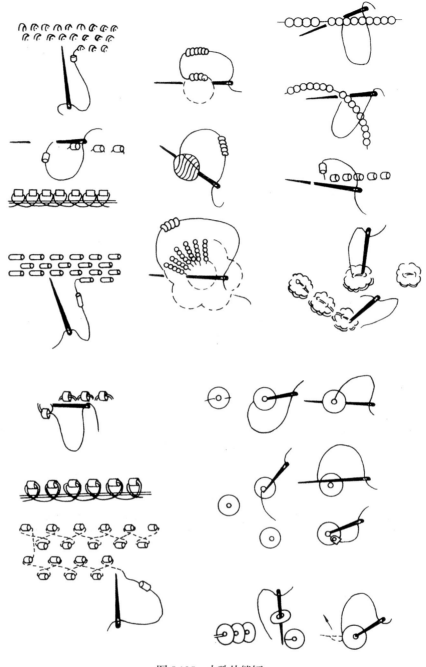

图 5.125　小珠片缝钉

三、贴花

　　贴花就是利用零星布料，经过印染、刺绣、裁剪成各种造型简单抽象的图案，装饰在衣服的某些部位。贴花材料的选择将直接影响到贴花后衣服的美观效果。例如，贴布，要求平整光洁；贴绒，要求厚实紧密；贴绸，要求亮丽柔软；贴纱，要求活泼透明。贴花可以自己按需制作，也可以到市场选购（图 5.126）。贴花时一般先用浆糊或手缝针固定在衣服的所需部位，然后采用平绣或锁边绣与衣服缝合。

（a）花卉贴花 （b）如意贴花

图 5.126 贴花

四、图案

图案在中国传统服装中具有很高的艺术价值，它既是一种中国绘画艺术的体现，同时在服装上结合运用了传统特色制作工艺后，更是一种艺术的升华。传统服装的图案一般有动物图案、植物图案、景物图案、器物图案和组合图案等（图 5.127）。有些传统服装上的图案还是一种身份的象征，如十二章纹（图 5.128）。明清两代补褂中的禽、兽图案，还成为区别官员等级的重要标志（图 5.129）。

（a）孔雀图 （b）鸳鸯图

（c）鱼戏图 （d）松鹤图

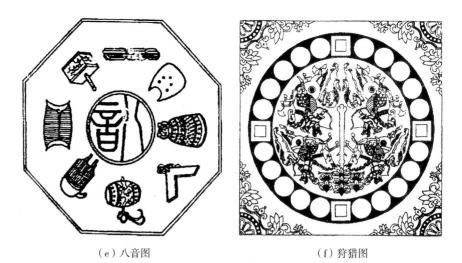

（e）八音图　　　　　　　　　　　　（f）狩猎图

图 5.127　传统服装部分图案

图 5.128　十二章纹图

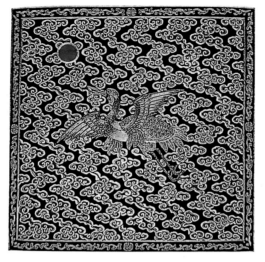

（1）文一品　青缎绣云鹤纹方补

（2）文二品　彩织锦鸡纹方补

（3）文三品　盘金绣孔雀纹方补

（4）文四品　盘金绣云雁纹方补

（5）文五品　青缎刺绣云福暗八仙白鹇纹方补

（6）文六品　刺绣云福八宝鹭鸶纹方补

（7）文七品　彩织云、鸿鹂纹方补

（8）文八品　盘金绣鹌鹑纹方补

（9）文九品　彩织八宝、云、练鹊纹方补

（a）文官补子

（1）武一品　盘金绣云水，麒麟纹方补

（2）武二品　盘金绣云水、狮纹方补

288

（3）武三品　打籽绣灵芝、蝙蝠、云、豹纹方补　　　　　（4）武四品　彩绣云、蝠、虎纹方补

（5）武五品　丝云水、熊纹方补　　　　　　　　（6）武六品　绣云水、八宝、彪纹方补

（7）武七、八品　盘金绣犀牛纹方补　　　　　　（8）武九品　彩织云、蝠、海马纹方补

（b）武官补子

图 5.129　明代朝服补子图案

附录

附录一

"新唐装"亮相黄浦江畔，APEC 感受中国智慧[*]
——"100 天讲述中国共产党对外交往 100 个故事"之六十

    2001 年 10 月 20 日至 21 日，APEC 第九次领导人非正式会议在中国上海成功举行。21 日，与会经济体领导人穿着改良"唐装"在上海科技馆楼前合影，成为此次盛会的一大亮点。这套兼具中国传统特征与西方现代造型的衣服也因此获得了一个特定称呼"新唐装"。

    早在 2000 年夏天，上海 APEC 筹委会就开始征集领导人服装设计方案，中国热心群众纷纷献计献策。最终，这套"新唐装"在 40 多个方案中脱颖而出。这套服装在传统和现代之间做到了完美平衡，设计师们放弃了传统服装之肩袖不分、前后衣片联体等缺乏立体感的款式造型，而代之以肩、袖等部位的现代装袖造型，但同时重视传统服装语言的一些基本要素，诸如立领、对襟、手工盘纽等。这些改变既较好地汲取了经典的传统因素，又营造出了"新唐装"的现代美感，明确地蕴含着对于中国服装之"现代化"的追求，也极具象征性地反映了全球化的大背景和以"民族"特色来予以对应的意向。

    2001 年是 APEC 第一次在中国举办，是中国改革开放后在中国举办的一次具有世界意义的重要多边外交活动，拉开了新世纪中国主场外交序幕。中国作为东道主请前来参会的领导人穿"新唐装"，融合了中西合璧、美美与共、和谐共生的智慧与思考。这其中蕴含的"和"与"合"的智慧对于当时的国际社会也具有特殊意义。会上，中国领导人发出倡议主张，提出 APEC 要坚定地支持多边贸易体制，加强经济技术合作，努力实现茂

---

* 本文由中华人民共和国外交部于 2022 年 8 月 24 日发表，外文出版社于 2022 年 9 月出版的《一路同行——中国共产党对外交往 100 个故事》收录。

物目标。此次 APEC 会议的成功举办让世界更了解中国，也让中国更走近世界舞台中央。

在此后举办的历次 APEC 会议上，中国领导人频频提出重要合作倡议与主张。遵循着 APEC 大家庭精神，中国一直致力于开放式发展，积极推动区域经济一体化，坚决反对贸易保护主义，为多边贸易体制注入新的活力。中国发展给亚太和世界带来巨大机会和利益。经过三十多年的发展，APEC 已逐渐演变为亚太地区重要的经济合作论坛，而中国也在为亚太地区人民创造稳定繁荣的未来、为世界和平稳定发展不断贡献着中国智慧和中国方案。

"新唐装"：掀起 APEC 中国风 *
——"百年上海工业故事"之腾飞

亚太经合组织（APEC）是亚太地区级别最高、影响最大的区域性经济合作组织之一。1993 年，首次 APEC 会议在美国西雅图召开，各国领导人约定：会议以非正式的形式进行，不设主题，与会者身着会议主办方为其定制的民族服装——不带助手，自由交谈。自此之后，服装也就成为每届 APEC 会议人们关注的一个热点：参会领导人穿上主办方提供的特色服装，来个"全家福"大合影，被称为世界最高级别的服装秀。

承办 2001 年 APEC 上海峰会是中国在 21 世纪伊始的一次重大外交活动，成为中国向世界展示改革开放、经济建设巨大成就的重要窗口。承办此次会议，为参会国领导人提供定制的民族服装，可以说是中华人民共和国成立以来中国服装界级别最高的服装项目。

1. 传统特征与现代造型完美融合

中华民族传统服装已有几千年发展历史，每个朝代或年代都有当时的服装流行款式，但到底什么样的服装能代表当今中国，还真的不好拿捏。

早在 1999 年 10 月，上海服装集团、上海服装研究所先后制作 70 多件样衣送审，最后选定最典型的中华民族风格服装。于 2000 年 5 月封样送北京投标。2001 年 6 月，中央办公厅发文，明确上海纺织控股（集团）公司提交的设计款式在全国上报的 40 多个方案中脱颖而出，一举中标。上海市人民政府外事办公室随即把这个"国家机密任务"正式交给上海纺织控股（集团）公司。纺织集团领导亲自指挥，承上启下，协调方方面面，将市里的意图具体落实到下属的上海服装集团有限公司等单位。

上海服装集团上上下下为这个任务调集一批精兵强将，忙了足足一年。当然，也离不开面料、缝制等多家兄弟单位的支持和配合。APEC 领导人服装设计制作组技术总监丁锡强高级工程师在接受媒体采访时专门提道：最后呈现在大家面前的 2001 APEC 领导人的服装，是一件汇集团体智慧设计制作的佳作，既延续了传统服装的特征，又借鉴了现代服装的造型。

我们来打量一番 2001 APEC 领导人服装外套的外形吧。

男式外套：元宝型立领、对襟，领口与门襟止口处用镶色料滚边；前衣片两片，不收省，不打褶，门襟处一排七粒葡萄纽扣；后衣片两片，背缝拼缝；两片袖装袖，肩部处内装垫肩，左右摆缝处开摆衩。

---

* 本文节选于上海服装行业协会副秘书长刘佩芳撰写《百年上海工业故事》（上海人民出版社、学林出版社，2021 年 8 月出版），306–309。

女式外套：元宝型立领、对襟，袖口、领口与门襟止口处用镶色料滚边；前衣片两片收腰省打胸摺，门襟处一排六粒葡萄纽扣；后衣片两片收腰省，背缝拼缝；两片袖装袖，肩部处内装垫肩，左右摆缝处开摆衩。

在服装制作过程中要攻克很多难题。就拿面料来说，领导人服装外套面料采用了当时创新的蚕丝与铜氨丝交织的织锦缎，经纬排列紧密，且不易拉断，让面料团花图案中四朵玫瑰花围绕下的 APEC 变体字凹凸立体。配合外套的衬衣面料则是带 APEC 字母和万寿团花的白色双绉提花 100% 全真丝锦缎。

2. 度身定制，但无法给领导人量体

2001 APEC 服装未亮相时，媒体便纷纷猜测。2001 年 10 月 21 日，当 20 位中外领导人身着色彩多样的 APEC 领导人服装出现在大众眼前时，给世界带来了很大的惊喜。殊不知，选定的 6 种颜色固然美不胜收，却也给参会国领导人出了一道题，让他们为自己选个合适的颜色真不是件容易的事！

时任国家主席江泽民穿的是中国红；人气最高的是蓝色，美国总统布什、文莱苏丹哈桑纳尔、巴布亚新几内亚总理莫劳塔、泰国总理他信、智利总统拉戈斯、秘鲁总统托莱多、俄罗斯总统普京、日本首相小泉纯一郎、澳大利亚总理霍华德、墨西哥总统福克斯、印度尼西亚总统梅加瓦蒂都不约而同地选了蓝色；选择绛红色的有马来西亚总理马哈蒂尔、新西兰总理克拉克；加拿大总理克雷蒂安、菲律宾总统阿罗约、新加坡总理吴作栋都选了暗红色；韩国总统金大中选了绿色，越南总理潘文凯选择了咖啡色。

这次虽说是为 APEC 领导人度身定制，但事先根本就没有机会给每位领导人量体。照什么尺码制作呢？上服制作团队非常有智慧，他们首先分析了传真过来的这些领导人的服装尺寸，一一列表，从每个领导人的身高、体型特征及其他一些公开的数据中寻找规律，最后，所有领导人的服装衣长尺寸都确定得比较合理，试穿后，没有一件服装需要改动衣长。

中装和西服在结构上有明显的区别，中装结构是平面裁剪，强调的是宽松；西服结构立体裁剪，突出的是合体。如何将中西方服装的精华部分融合在一起，也是领导人服装结构设计中的重要课题，特别是不少领导人的肚围较大，而中国传统服装前片不能收省打裥，真是难上加难！

当然，上服制作团队最后还是解决了这个难题。他们的秘诀是：不能开刀，合体美观全靠逻辑推理、比例设计。得知为中外领导人定制的服装全都获得了成功时，制作团队的伙伴们欢呼雀跃，兴奋不已。

3. 试衣，从规定不能见面到主动现身

媒体把为 2001 APEC 领导人试衣的人员称为特别行动组，特别行动组成员有 8 名，全部是设计制作组成员。临去之前，外事办公室负责人交代了一系列细节，其中有一条就是"不能和领导人宜接见面，只能通过助手

传递试穿修改意见"。实际情况是，19位外国领导人试衣，其中16位都与行动组成员见了面。他们对自己穿上中国传统服装的模样十分期待，穿上之后都非常高兴，"Very good！""Beautiful！"，赞扬声一片。

有的在试穿前没和行动组成员见面，但穿上服装后很激动，亲自从试衣间跑出来和大家打招呼：文莱苏丹试衣服时，他离得非常远，但是当看到大红绸缎的衣套时，就开始凑近了。当行动组成员打开拉链，拿出蓝色的外套和白色的衬衣时，苏丹兴奋了，脱掉上衣穿上衬衣，再穿上外套——他选择的金黄色团花的蓝色上衣。这件外套在总统套房水晶灯的照耀下，闪闪发亮。

2001 APEC开幕当天，领导人服装正式亮相，国内外媒体进行广泛报道，尤其是20位中外领导人在上海国际会议中心门前那张具有历史性意义的"全家福"引起轰动效应。谁都没料到的是，居然在服装领域掀起了一股"中国风"。《人民日报》刊文《回顾APEC 2001会议：上海举办峰会唐装风靡全球》。2001年冬天，中国大地掀起了一阵"中国风"，连平时最不留意时尚的人也一定能说出那个冬天的服装潮流——新唐装。中国人有过年穿新衣的习惯，在那几年的春节，很多人给自己准备的新衣就是一件"新唐装"。时尚从来都只是某一群体或范围内的事情，而像"新唐装"这样不分男女老幼，不管南北东西，无论前卫保守、品位高低、收入多寡，一股脑儿全被裹挟进去的潮流还真不多见。

4. 亲历者说

丁锡强（上服集团设计制作组技术总监）：

2001年APEC领导人服装一时成为国内外关注的热点，但各种媒体的称呼却五花八门，莫衷一是。到底如何定名为好呢？经过多方面综合考虑，主创单位最后决定采纳我的建议，把领导人服装定名"新唐装"，主要理由是：唐朝是中国历史上最强盛的时代，盛唐的辉煌至今仍使每一个中国人感到自豪；现代意义上的"唐"还泛指中国人，如中国人聚集的街区为"唐人街"，中国人穿的衣服为"唐装"。自此，2001年APEC领导人服装就被正式定名为"新唐装"，百度、360百科等网络热搜也将"新唐装"作为专用词条收录。

附录三

从"新唐装"到"新中式"的生活美学 *
——老牌国企的时尚演绎之路

一叶扁舟，筚路蓝缕，上海服装集团伴随着新中国的成长步伐乘风破浪、一路走来。在 70 余年的发展历程中，创造了许多个新中国服装发展史的"第一"。新中国第一例服装"大地牌"注册商标、中国历史上第一支职业服装模特队、中国首夺巴黎时装博览会桂冠……能取得这么多的"第一"，标志着上海服装集团始终致力站立于中国服装文化的传承与时尚创新发展的最前沿。

1. 新世纪——新唐装

2001 年 APEC 领导人会议在中国上海举行，这是我国在新世纪伊始的一次重大外交活动，成为我国向全世界展示改革开放、经济建设巨大成就的重要窗口。上海市外事办公室把为参会国领导人提供设计制作中国民族传统服装，这个在当时属于"国家机密任务"交到了上海服装集团手中。

为了完成中华人民共和国成立以来服装界中史无前例的服装设计制作任务，充分展现上海服装界的最高技术水平，上海服装集团上上下下为完成这个任务，从全公司系统调集了一批精兵强将，组成了实力雄厚的设计制作项目组。本书主编丁锡强（时任上海服装集团高级工程师）担任项目组技术总监。在上海各兄弟企业的大力支持和配合下，一件汇集上海服装界集体智慧的一代华服——"新唐装"孕育而生。新唐装闪亮登场后，立刻受到媒体和大众的一致好评。称赞新唐装既体现了传统服装的鲜明特征，又借鉴了现代服装的时尚造型，并且在面料和制作工艺上大胆创新，成功地向世人推出了一件能反映现代中国传统概貌的服装。2002 年春节之后连续几年，神州大地掀起了一阵"唐装风"，新唐装（唐装）成为当时全国服装最时尚的潮流。

为表彰上海服装集团所作出的贡献，上海市政府外事办授予上服集团"特殊贡献奖"。之后上服集团还荣获中国纺织工业协会科技进步二等奖、上海市技术发明三等奖。由原班技术团队精英组成的上海服装集团"新唐装工作室"也应运而生，旨在继承弘扬中国传统服饰文化，以现代审美意识创造性开发中式服饰。在此同时，有关"新唐装"的理论研究一直在不断地探索和研究，出版发行了《新唐装》专著，在国家核心刊物《纺织学报》《服装设计师》等杂志上发表多篇论文，并取得了《唐装制作方法》发明专利和《唐装结构制版》实用新型专利等成果。

---

* 本文由上海服装（集团）有限公司撰写。

2. "新中式"——新时尚

近年来，上海服装集团全面加强品牌建设，全方位探索呈现"东方之美"，新唐装工作室也逐步迭代转型成"T&A 天嘉爱"新中式项目，与时代同频。

T&A 项目以"将非遗穿上身"为设计理念，坚持在东方意境中探索至简至美的新中式生活美学，创造性地运用中国传统工艺与面料，把国风艺术运用到现代服饰，赋予现代服饰更多的中国文化符号和文化生命，并多次在各种大型时尚活动中，成功将作品亮相。老牌国企成功转型，七十余年底蕴展现出雄厚的综合实力。

部分 T&A 新中式服装产品展示如下。

华夏之美，源远流长。展望未来，上海服装集团将始终秉承"时尚、共益、可持续"的发展使命，以服装为载体，以文化为精神内核，助力中国传统文化传播与推广，以匠心品质推动品牌升级与行业跨界合作，持续挖掘并探索中国传统文化在服饰领域的新表达与呈现，打造具有引领性、时代性、传承性的新中式美学艺术空间，让国人感知东方文化自信，让世界看到美丽中国。

附录四

（一）新唐装成衣

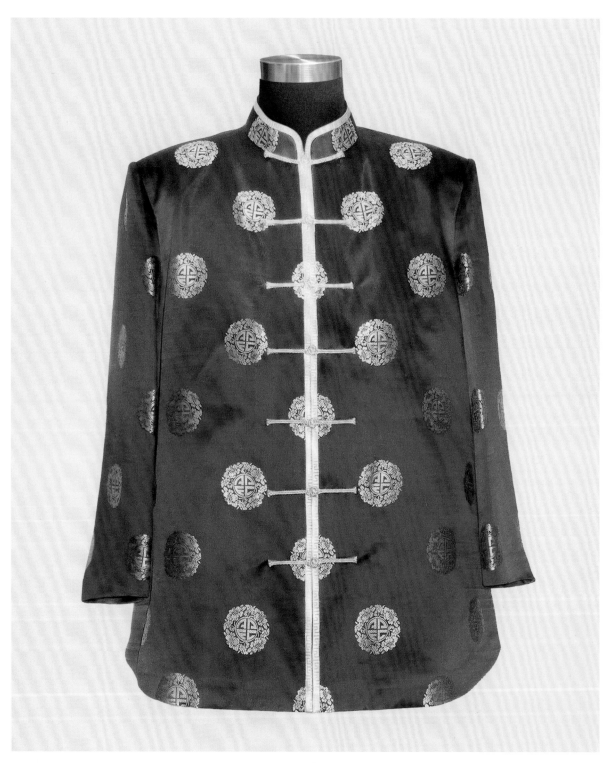

蓝色新唐装（男装）

中国红新唐装（男装）

绛红色新唐装（男装）

暗红色新唐装（男装）

蓝色新唐装（男装）

绿色新唐装（男装）

棕色新唐装（男装）

绛红色新唐装（女装）

暗红色新唐装（女装）

蓝色新唐装（女装）

暗红色新唐装（女装）

新唐装内穿白色男长袖衬衫

新唐装内穿白色女短袖衬衫

306

（二）新唐装衣料

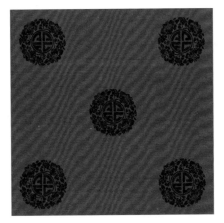

中国红地"APEC"字母黑色团花织锦缎

绛红地"APEC"字母黑色团花织锦缎

暗红地"APEC"字母黑色团花织锦缎

蓝色地"APEC"字母金色团花织锦缎

绿色地"APEC"字母金色团花织锦缎

棕色地"APEC"字母金色团花织锦缎

酒红地"APEC"字母金色团花织锦缎　　　　黑色地"APEC"字母红色团花织锦缎

"APEC CHINA 2001"纹红色绸缎里料　　　　"APEC CHINA 2001"纹蓝色绸缎里料

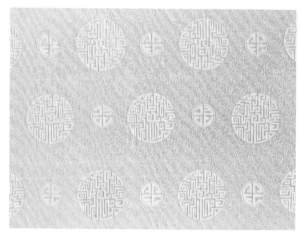

金色、黑色回纹织锦缎　　　　　　　"APEC""无寿无疆"纹白色真丝提花缎
（新唐装滚边、盘扣辅料）　　　　　　　　（衬衫面料）

　　　　　　　　　　　　　　　　　　　　　　　中华新唐装

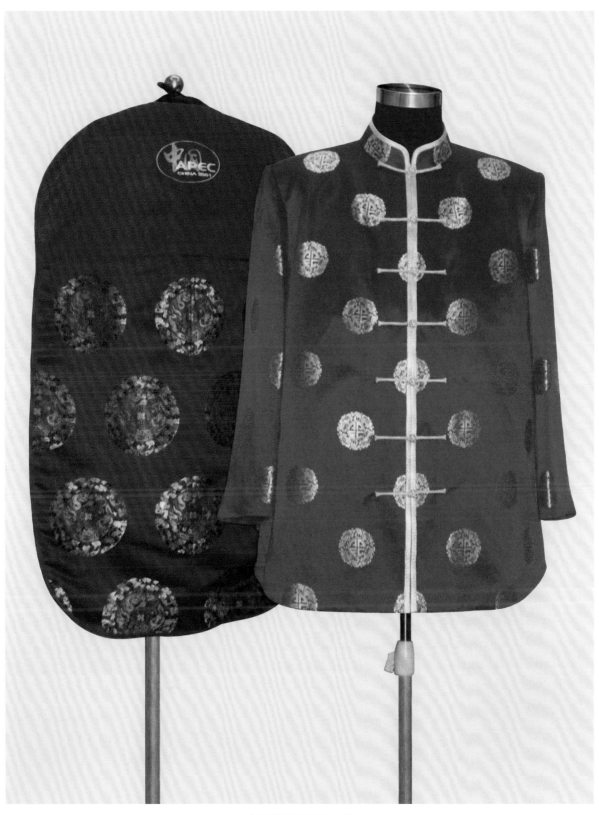

新唐装织锦缎防尘袋

新唐装大礼盒内包装

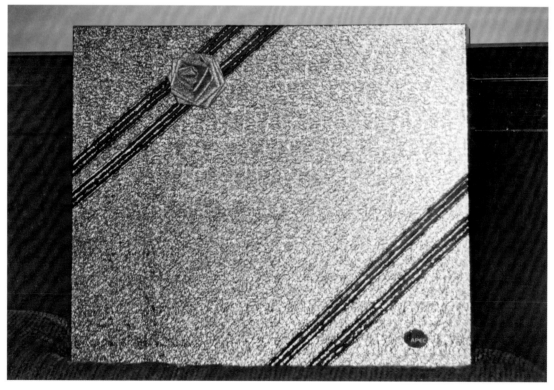

新唐装银色大礼盒

五彩缤纷新唐装成衣

参考文献

［1］沈从文. 中国古代服饰研究 [M]. 中国香港：商务印书馆香港分馆，1981.

［2］上海市戏曲学校中国服装史研究组. 中国历代服饰 [M]. 上海：学林出版社，1984.

［3］华梅. 中国服装史 [M]. 天津：天津人民美术出版社，1999.

［4］缪良云. 中国衣经 [M]. 上海：上海文化出版社，2000.

［5］丁锡强. 新唐装 [M]. 上海：上海科学技术出版社，2002.

中华新唐装